수학 좀
해보려고
합니다

수학 좀
해보려고
합니다

조수남 지음

나무나무출판사

| 차례 |

수학, 왜 배워야 하나?

필자의 아버지는 2년 전부터 고등학교 수학 문제를 풀기 시작하셨다. 아버지는 우연히 상대성 이론에 관해 쉽게 풀어 쓴 책을 읽다 미적분학에서 막히셨는데, 그때 고등학교 시절 문과를 선택해 미적분학을 공부하지 않았던 아쉬움이 함께 떠올랐다고 한다. 오기가 발동한 아버지는 미적분학을 공부하기 위해 고등학교 수학 문제집을 풀기 시작한 것이다.

  연세 드신 아버지가 수학 문제와 씨름하고 계신 걸 보면서, 그 나이에 그걸 왜 푸냐고 뵐 때마다 그만두라고 말씀드렸다. 하지만 막무가내셨다. 고등학교 때 미적분을 제대로 배우지 못했으니 죽기 전에 반드시 미적분을 정복하겠다고 하셨다. 구체적으로 수학이 어디에 사용되는지를 깨달은 것이 결국 노년의 아버지로 하여금 수학 문제집을 들게 한 것이다.

우리나라 학생들의 수학 성취도

그렇다면 중·고등학생들은 어떨까? 우리나라 대부분의 중학생들은 학원을 다니거나 과외를 받으면서 수학 문제집과 씨름하고 있다. 하지만 모든 학생이 수학을 좋아하지도, 수학 점수를 잘 받지도 않는다. 고등학교에 입학하면 1학년 동안 마찬가지로 수학과 씨름하면서 지쳐가지만, 2학년에 들어서면 어느덧 여기저기서 수학을 포기하는 학생, 이른바 '수포자'가 나타난다.

그러면 과연 우리나라 중·고등학생들의 수학 능력은 다른 나라 학생들에 비해 떨어지는 걸까? 전 세계 72개국 만 15세 학생들을 대상으로 평가한 국제학업성취도평가PISA 2015년 결과에 따르면, 우리나라의 수학 순위는 6~9위다. OECD 회원국으로 평가 대상을 좁히면, 우리나라의 수학 성취도는 일본의 1위 다음으로 1~4위다. 세계수학연맹IMU이 세계 최고의 수학 실력을 보유했다고 인정하는 독일, 프랑스, 영국 그리고 미국 등도 우리보다 한참 뒤처져 있다. 놀라운 성적인 것이다.

하지만 국제학업성취도평가 결과와 상관없이 우리나라 학생

수학 좀 해보려고 합니다

PISA 2015 OECD 회원국의 수학 국제 비교 결과

국가명	평균	국가 순위	국가명	평균	국가 순위
일본	532	1	프랑스	493	15~23
대한민국	524	1~4	영국	492	15~24
스위스	521	2~5	체코	492	16~24
에스토니아	520	2~5	포르투갈	492	16~24
캐나다	516	3~7	이탈리아	490	17~26
네덜란드	512	5~9	아이슬란드	488	21~26
덴마크	511	5~10	스페인	486	23~27
핀란드	511	5~10	룩셈부르크	486	24~27
슬로베니아	510	6~10	라트비아	482	26~28
벨기에	507	7~13	헝가리	477	28~30
독일	506	8~14	슬로바키아	475	28~30
폴란드	504	10~14	이스라엘	470	29~31
아일랜드	504	10~14	미국	470	29~31
노르웨이	502	11~15	그리스	454	32
오스트리아	497	14~21	칠레	423	33~34
뉴질랜드	495	15~22	터키	420	33~34
스웨덴	494	15~24	멕시코	408	35
호주	494	15~22	OECD 평균	490	

※ PISA 점수는 평균 500이고 표준편차 100인 척도 점수임.
※ PISA 2006부터 95% 신뢰 수준에서 각 국가의 순위에 대한 범위를 제공하고 있음.
※ OECD 평균은 OECD 35개국 각각의 평균에 대한 평균임.

들의 수학에 대한 호감도를 외국 학생들과 비교해본다면, 우리 나라의 경우 아마도 국제학업성취도평가 성적에 반비례해서 호감도가 떨어질지도 모르겠다. 학생 대부분이 수학 공부를 많이 하지만, 입시 문제를 제외하면 하고 싶어서도 아니고, 왜 하는지도 모르기 때문에 그만큼 호감도가 떨어지고 오히려 반감이 생길 수 있는 것이다.

그렇다면 좋아하는 학생들은 왜 좋아할까? 아마도 그런 학생들은 어린 시절 퍼즐을 풀 때처럼 어려운 문제를 풀었을 때 느끼는 성취감을 즐기고 있는지도 모르겠다. 나 역시 중·고등학교 때 수학을 좋아했던 데는 공식을 응용해서 어려운 문제를 풀어낸다는 성취감이 작용했던 것 같다. 왜 수학을 공부해야 하고 수학이 구체적으로 어디에 응용되는지는 몰랐지만, 마치 수수께끼를 푸는 것처럼 수학 문제를 열심히 풀었다. 이는 아마도 수학 공부를 싫어하지 않는 대부분의 학생이 느끼는 감정일 것이다. 결국 수학을 좋아하고 잘한다는 학생들 역시 수학이 어디에 쓰이는지 제대로 모른 채 수학 문제집을 들고 있는 것이다.

이렇듯 대부분의 학생이 수학이 어디에 쓰이는지 모르고 있다면, 과연 수학이 쓰이는 분야는 별로 없는 걸까? 혹 실제 문제 해결에 이용되기보다는 그저 다른 수학 문제 풀이에 활용되는 건 아닐까? 수학자나 언론 등은 수학이 중요하다고 하지만, 수학을 공부한 어른 세대 상당수가 수학이 실생활에 전혀 유용하지 않다고 이야기하는 현실을 고려한다면, 수학은 그저 수학

수학 좀 해보려고 합니다

자들에게만 필요한 분야는 아닐까? 수학 교과서나 문제집을 공부하는 것은 이런 문제를 이해하는 데 전혀 도움이 되지 않는다. 이런 문제를 제대로 이해하기 위해서는 그동안 수학이 발전해온 역사를 살펴볼 필요가 있다.

수학의 역사와 쓰임새

역사적으로 수학이 계속해서 발전해온 것은 여러 측면에서 실용적인 분야였기 때문이다. 가령, 수학이 본격적으로 발전하기 시작한 고대 그리스에서 수학은 우주와 사물의 원리를 이해할 수 있는 원리라고 여겨졌다. 모든 존재 아래에 있는 수와 수의 비를 통해 우주와 사물의 원리를 이해할 수 있다고 생각한 것이다. 따라서 피타고라스 학파는 제자 양성 과정에서 수학을 주요 준비 교육 과목으로 두었다.

이러한 생각은 플라톤plato(약 420~약 340 BC)으로 이어졌다. 그는 우주의 근원과 그 운동을 원과 구를 포함해 다양한 도형이나 정다면체를 통해 설명할 수 있다고 주장했다. 따라서 국가를 다스리는 통치자가 되려면 이 세계를 이해하기 위해 먼저 수학을 공부해야 한다고 생각했다.

조반니(Giovanni di Ser Giovanni Guidi, 1406~1486), '7개의 자유 학예(The Seven Liberal Arts)'(1460). 여신들은 중세 대학의 필수 교과였던 3학 4과를 의미하는데, 그중 4과가 산술, 기하, 음악, 천문학이다. 여신들은 순서대로 논리학·산술·기하·천문학·수사학·문법 그리고 음악을 의미한다.

이러한 생각은 이후 서유럽으로 전해졌다. 기독교 사회였던 서유럽에서 기하학과 천문학은 신의 창조 사역을 이해하기 위한 중요한 도구였다. 음악 역시 신을 찬양하기 위해 조화로운 음을 만들고 이해하기 위한 필수 분야로 여겨졌다. 결국 12세기부터 대학이 설립되면서 산술이나 기하, 음악 그리고 천문학을 포함한 수학 분야는 대학의 필수 교육 과정을 구성하기에 이르렀다.

르네상스를 지나면서 수학의 유용성은 한층 더 다양한 측면에서 이해되기 시작했다. 우선 대학에서 교육하던 천문학은 천체의 운행 외에도, 신이 창조한 인체의 질병을 이해하고 치료하기 위한 도구로 활용되었다. 또한 천문학은 하늘의 운행을 통해 개인의 운명과 국가의 미래를 점치기 위한 도구로도 사용되었다.

수학 좀 해보려고 합니다

한편, 이 시기에는 상업 및 도시의 발전과 함께 수학이 대학을 벗어나 사립 교육 기관을 통해서도 교육되기 시작했다. 수학은 이자 계산을 용이하게 하기 위한 수단이자, 재료가 담긴 용기의 용량과 가격을 비교하기 위한 도구였다. 항해에서는 위도를 계산하기 위한 원리였고, 그림의 구도가 실제 눈으로 보는 것과 일치하도록 하기 위한 장치였다. 이 외에도 수학은 기하학적으로 조화로운 건축물을 세우기 위한 원리였으며, 군대를 효율적으로 배치하고 난공불락의 성곽을 건축하기 위한 기준 등으로 활용되었다. 수학의 활용 분야는 점점 더 늘어났고, 수학자를 후원하던 이들은 유용성을 염두에 두고 기꺼이 돈을 지불했다.

과학기술 분야의 언어로서 수학

근대 들어 수학은 본격적으로 과학 분야에 활용되기 시작했다. 아이작 뉴턴Sir Isaac Newton(1667~1668)의 《자연철학의 수학적 원리 Philosophiæ Naturalis Principia Mathematica》(1687)는 대표적인 성과였다. 뉴턴 이전까지 학자들은 지상에서의 운동과 하늘의 천체 운동을 별개의 것으로 생각하고 연구했다. 그러나 뉴턴은 자신이 발견한 운동의 법칙과 만유인력의 수학 공식을 통해 지상에서의 운동과 천체 운동을 단일한 수학적 원리와 법칙으로 설명했다. 이는 매우 놀라운 일이었고, 그만큼 수학이 지닌 위력을 보여준 것이었다.

뉴턴의 성취에 고무된 이들은 과학 연구에 수학을 응용하고자 노력하기 시작했다. 이 과정에서 학자들은 전통적인 기하학을 대수적인 방식으로 변화시킨 해석기하학과 곡선의 연구를 대수적인 방식으로 정리한 미적분학의 연구를 적극 활용했다. 18세기 말에 천체의 운동을 대수적인 방식으로 설명한 해석역학의 연구는 그 대표적인 성취라 할 것이다.

그런데 일부 과학 분야에 수학이 쓰이기는 했지만, 18세기 동안에도 대부분의 과학기술 분야에 수학은 효과적으로 활용되지 못했다. 과학기술 분야를 수학적인 방식으로 기술하기 위해서는 그 이전에 먼저 정밀 측정이 가능해야 했다. 하지만 정밀한 시계, 매우 높거나 낮은 온도를 측정할 수 있는 온도계, 아주 정확한 눈금이 그려진 비커나 미세한 무게를 측정할 수 있는 저울 등은 한참까지도 표준 제작되지 않았다. 길이를 재는 자나 무게를 재는 저울 등은 지방이나 국가별로 통일되지도 않은 상태였다.

그러나 과학기술 분야를 수학적으로 기술할 수만 있다면, 해당 과학기술을 이해하고 더 나아가 효율적으로 활용하는 것이 가능할 터였다. 결국 그러한 측정 도구나 정밀 장치를 개발하는 노력은 꾸준히 계속되었고, 그 과정을 통해 화학이나 열역학, 전자기학 그리고 파동학 같은 분야가 수리과학 분야로 자리 잡아갔다. 수학이 과학기술 분야의 언어가 되기 시작한 것이다.

19세기 이후 새로운 수학의 발전

한편, 19세기 동안에는 기존의 수학이 과학기술 분야에 응용되는 것을 넘어 수학 그 자체의 논리적 발전 과정에서 이전과는 다른 새로운 수학 분야가 등장하기 시작했다. 유클리드 기하학을 연구하는 과정에서 비유클리드 기하학이 생겨났고, 미적분학의 근본 문제를 해결하려는 과정에서 해석학이 발전하였으며, 2차원에서 논의되던 대수학은 n차원 공간에서 논의되는 선형대수학 등으로 발전했다. 또한 이 시기에는 통계학, 위상수학 그리고 집합론 등 새로운 수학 분야의 발전도 이어졌다.

이처럼 새롭게 등장한 수학 분야도 처음에는 기존 수학의 연구 과정에서 발전한 것이었다. 그러나 한 세기도 지나지 않아 새로운 수학은 과학기술을 넘어 사회학이나 인류학, 예술, 건축, 알고리즘 연구 등 다양한 분야에 응용 가능하다는 것이 밝혀졌다. 현재에도 수학은 여전히 진화하고 있다. 그리고 그 응용 가능성 역시 계속해서 새롭게 발견되고 있다.

역사적으로 수학은 매우 유용했고, 다양한 분야에 응용되어 놀라운 성과를 거두었다. 수학이 가진 문제 해결력과 그 응용 가능성은 오랜 기간의 발전을 통해 계속해서 확인되었다. 그 결과 서양에서는 고등 교육이 발전하면서 수학을 늘 필수 교과목의 하나로 가르쳤다.

문제는 중등 교육의 경우 기본적인 내용을 가르치다 보니, 학생들 입장에서는 특정 수학 분야가 구체적으로 어디에 어떻게 응용되는지를 배우기 힘들어졌다는 데 있다. 더욱이 과거의 수학적 응용 및 그 성과는 대거 잊혔고, 최근의 성과는 학생들이 이해하기에 너무 어려운 문제가 되었다. 중·고등학교 교과서는 2000년이 넘는 세월 동안 서서히 발전해온 수학의 기본 내용을 상당 부분 담으려다 보니, 가르치는 내용이 방대해졌다. 수학 교사들 입장에서는 광범위한 수학 분야의 역사적 발전 과정을 모두 이해하기 힘들고, 과학기술 분야를 전공하지 않은 상태에서 과학기술 응용 사례 등을 구체적으로 가르치기 힘들어졌다. 학생들이 자신이 배우는 수학이 어디에 활용되며, 어떤 측면에서 유용한지를 이해하기 어려운 현실이 된 것이다.

이 책에서는 바로 그러한 점에 착안해 중·고등학교 수학 교과서에 나오는 내용이 과거 어떤 문제를 해결하려는 과정에서 발전했으며, 그러한 성취가 이후 수학의 발전에 어떤 영향을 미쳤는지 살펴보고자 한다. 중·고등학교 수학 교과서는 어떤 의미에서 수학사 책에 가깝다. 오랜 기간 동안 발전해온 수학을 이해하기 위한 기본적인 내용이 담겨 있기 때문이다. 누군가는 과거를 아는 것이 현재를 이해하기 위한 첫걸음이라고 했다. 이 책을 통해 수학이 발전해온 발자취를 살펴보면서, 수학 교육의 현재와 문제 등을 이해하는 데 도움이 되길 기대한다.

1장

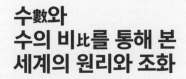

수數와
수의 비比를 통해 본
세계의 원리와 조화

'수의 비'나 수열은
왜 공부하기
시작했을까?

코미디 프로그램에서 머리 큰 남자가 머리 작은 여자 앞에서 웃음의 대상이 되는 상황은 그리 낯설지 않다. 그런데 사실 생각해 보면 머리가 큰 게 그리 나쁠 건 없어 보인다. 과거 위대한 과학자 중 한 사람이었던 아인슈타인이 죽자 그가 가진 지능의 비밀을 풀기 위해 머리를 해부하고 뇌의 크기를 측정했던 것만 봐도 알 수 있다. 물론 뇌의 크기는 보통 사람과 차이가 없었지만.

사실 20세기 이전까지만 해도 우리나라에서는 머리 크기에 대해 별다른 관심이 없었던 것 같다. 현재 남아 있는 사진만 봐도 알 수 있듯 조선 시대 사람들은 평균 신장이 작아 전체적으로 머리가 커 보였으니 말이다. 그러나 지금은 머리가 크다는 게 사람들 사이에서 비아냥에 가까운 말처럼 사용되고 있다. 왜 그런 걸까?

서양에서는 오랫동안 비율을 중시했다. 사람의 인체에는 8등신 비율을 들이댔고, 조각이나 건축물 속에서는 황금비 등을 찾기 바빴다. 그리고 그런 비율에 딱 들어맞는 대상이 나타나면 그걸 미적으로 조화롭기에 아름다운 것으로 간주했다. 그저 특정 비율을 지니고 있을 뿐인데도 말이다. 그렇다면 이런 생각은 어디서부터 시작되었을까?

우리나라에서 수의 비는 초등학교 중학년 때부터 배운다. 처음에는 약분 등을 통해 수의 비를 계산하는 것으로 시작하지만, 중학교 때에 이르면 수의 비가 나타내는 유리수를 공부하는 문제로 이어진다. 그러면 수의 비는 도대체 어디에 사용되며, 왜 이렇게 일찍부터 가르칠 정도로 중요한 걸까? 이 문제를 이해하기 위해서는 피타고라스의 수리철학에 대해 살펴볼 필요가 있다.

피타고라스의 수리철학

소아시아의 사모스섬에서 태어난 피타고라스Pythagoras of Samos(약 570~약 495)는 최초의 철학자 중 한 사람이다. 그는 지중해 동부와 이집트 그리고 바벨론 등지를 돌며 학자들과 사제들의 가르침을 받으면서, 이 세계와 우주의 본질을 이해하고 끊임없이 자신

수학 좀 해보려고 합니다

을 수련하고자 했던 인물이다. 이 과정에서 그는 눈에 보이지만 실제로는 존재하지 않는 세계와 보이지는 않지만 실제로 존재하고 영원히 지속하는 세계를 구분했다. 전자인 눈으로 보이는 세상은 언뜻 실제로 존재하는 실체인 것 같지만, 끊임없이 변화하고 많은 것이 생겨났다 사라지기를 반복한다는 점에서 그저 다양한 모습이나 상태로 구성된 것이라고 보았다. 반면, 눈에 보이지는 않지만 후자의 세계가 세계의 본질과 실제로 존재하는 것들을 담고 있다는 점에서 철학적 탐구의 대상이 된다고 보았다.

여기서 피타고라스는 독특하게도, 그런 참된 세계의 본질과 구성 등에 대해 알려주는 것이 '수'라고 보았다. 그에게 수는 사물을 세거나 측정할 수 있는 도구였지만, 무엇보다도 수 자체가 각각의 독특한 원리를 지닌 실체였다.

예를 들어 피타고라스는 1부터 10까지의 자연수를 가장 중요하게 생각했다. 우선, 1은 우주 만물을 구성하는 본질적인 단일체인 모나드monad를 의미하는 것으로, 이로부터 만물이 생성된다는 점에서 만물을 담고 있는 것이라고 보았다. 그런 1은 2인 디아드dyad로 넘어가면서 분열과 대립·차이 등을 낳고, 이 과정에서 '한정과 무한', '남자와 여자'처럼 서로 대립하는 원리들이 생겨났다. 3이 보여주는 트리아드triad는 이 세상에 존재하는 3차원 형상을 빚는 원리이자, 과거·현재·미래라는 세 세계에 관한 역사와 지식 그리고 예언 및 섭리 등을 의미하는 존재라고 여겼다. 4인 테트라드^{tetrad}에서 완성에 이르는데, 그 원리에 따라 자연에는 봄·여름·가을·겨울의 네 계절이 존재하고, 세계에는 물·불·흙·공기라는 4원소가 존재하며, 인간에게는 지성·이성·지각 그리고 상상이라는 네 개의 지적 능력이 존재한다고 보았다. 또한 4는 1+2+3+4=10이 되므로 네 개의 숫자들의 덧셈을 통해 우주를 표상하는 신성한 수, 테트라크티스$^{tetraktys(10)}$를 만든다는 점에서 중요해 보였다. 5부터 9까지의 수도 각기 독특한 원리를 지니고 있었는데, 피타고라스에게 1부터 10까지의 자연수는 각각 참된 세계의 원리를 담고 있는 실체였다.

세계의 조화를 표현하는 음악

피타고라스는 수에 대해 연구하면서 세계의 조화^{harmony}에 대한 생각을 발전시켰다. 그는 만물과 세계가 수의 적절한 비를 통해 조화로운 상태를 유지한다고 생각했다. 그리고 그러한 조화를 표현한 것이 바로 음악이라고 보았다.

피타고라스에 따르면 음악은 온 세계와 우주에 흐르고 있으며, 인간의 영혼 역시 조화롭게 할 수 있었다. 피타고라스는 아

수학 좀 해보려고 합니다

완전 1도 장 2도 장 3도 완전 4도 완전 5도 장 6도 장 7도 완전 8도

그림 1-1 현대의 7음계 속 음정

침에 일어날 때나 잠이 들기 전에 특별히 고안한 음악이 연주되도록 했다. 음악의 하모니를 통해 인간의 영혼을 조화롭게 할 때, 과도한 감정 상태를 통제하고 정신과 육체의 건강을 회복시킬 수 있다고 보았던 것이다. 피타고라스는 음악을 모든 학생에게 가르쳐야 하는 중요한 학문이라 생각하고 이를 실천했다.

세계의 조화와 수의 비, 그리고 음악의 하모니에 대한 피타고라스의 믿음은 음정interval(두 음의 높이의 간격)에 대한 연구를 통해 더욱 강화되었다. 피타고라스는 학생들에게 음악을 가르치고 서로 소통하기 위해 자신의 음악에 대한 생각을 보다 구체화하고 체계화하기를 바랐다.

현존하는 기록에 따르면, 그러던 중 우연히 대장간 옆에서 음의 높이가 서로 다르지만 매우 조화로운 소리를 듣게 되었다고 한다. 그리고 그 원인을 살펴보던 중 두 망치의 무게 비율에 따라 서로 다른 음정의 소리가 난다는 사실을 발견했다고 전해진다. 두 망치의 무게가 2:1일 때 두 망치를 동시에 두드리면 두 음의 간격이 8인 조화로운 소리(완전 8도)가 났다. (예를 들어 한 망치를 두드려 도에 해당하는 음이 나면, 다른 망치로는 한 옥타브 높은 도 음이 나는 식이다.) 마찬가지 방식으로 두 망치의 무게가 3:2일 경우에는 두 음의 간격이 5인 조화로운 음정의 소리(완전 5도)가 나고(가령 도와 솔이 동시에 울리는 경우), 무게가 4:3일 경우에는 완전 4도의 조화로운 음정의 소리가 났다(예를 들어 도와 파가 동시에 울리는 경우). 물론, 망치 무게의 비를 통해 음정 이론을 발견했다는 이야기는 근거가 부족하다. 실제 실험을 해보면, 무게의 비와 음정을 이루는 비는 일치하지 않기 때문이다. 그러나 피타고라스는 이후 현의 길이의 비 등을 달리하면서 실험했고, 마찬가지로 동일한 결론에 이르렀던 것으로 보인다.

듣기 좋은 조화로운 음정이 가장 중요하고 기본적인 수 1, 2, 3, 4의 비를 통해 생겨난다는 사실은 피타고라스에게 놀랍게 다가왔다. 피타고라스는 이 수들이 단순한 수를 넘어 조화로운 음악을 구성하는 실체라고 여기기 시작했다.

이후 피타고라스는 앞에서 살펴본 음정의 비를 기준으로 여덟 개의 음정을 체계화하였다. 예를 들어 현의 길이를 기준으로 완전 1도의 음정이 길이가 1인 현을 연달아 울릴 때 난다고 하자. 이 경우 완전 1도의 음정은 현의 길이의 1:1의 비와 대응시킬 수

그림 1-2 이탈리아의 음악 이론가이자 작곡가 프란치노 가푸리오(Franchino Gaffurio, 1451~1522) 가 집필한 《음악론(Theorica Musice)》(1492)의 속표지 그림 왼쪽 위 그림은 망치를 든 대장간 인부들과 이를 관찰하는 피타고라스의 모습, 오른쪽 위는 물의 양의 비에 따른 음정의 변화, 왼쪽 아래 그림은 현에 실리는 무게의 비에 따른 음정의 변화, 그리고 아래 오른쪽 그림은 피리 길이에 따른 음정의 변화를 보여준다. 각 그림에는 4, 6, 8, 9, 12, 16의 숫자가 반복적으로 등장하는데, 이는 각 음정에 대응하는 2:1, 4:3, 2:3, 9:8을 만드는 숫자들이다.

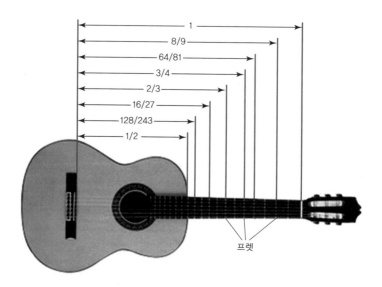

1

8/9

64/81

3/4

2/3

16/27

128/243

1/2

프렛

그림 1-3 피타고라스의 음계를 기타 현의 경우로 생각해보면 쉽게 이해할 수 있다. 그림에서 기타 줄 양 끝 사이의 길이를 1이라고 할 때, 프렛(fret, 길고 가는 금속 조각)이 줄의 8/9, 64/81, 3/4, 2/3, 16/27, 128/243, 1/2 되는 지점에 붙어 있다고 하자. 가령, 프렛을 누르지 않은 상태에서 줄을 튕긴 다음 곧바로 전체 줄의 8/9 되는 지점의 프렛을 누른 상태에서 줄을 튕기면, 현의 길이의 비가 1:8/9=9:8이 되어 장 2도의 음정이 생긴다.

수학 좀 해보려고 합니다

있다. 마찬가지로 완전 5도의 음정은 길이의 비가 3:2, 즉 1:2/3인 현이 연속해서 울릴 때 생긴다. 여기서 길이가 2/3인 현을 기준으로 다시 완전 5도 음정을 생각하면, 도와 높은 레 음이 연속해서 울리는 음정이 생기고, 현의 길이의 비는 1:2/3×2/3=9:4가 된다. 여기서 높은 레를 낮은 레로 한 옥타브 내리게 되면, 현의 길이는 두 배가 되므로 9:8이 되고 장 2도의 음정을 낸다. 이번에는 레 음을 기준으로 5도를 올리는 방식을 계속해서 반복하면, 완전 1도부터 장 2도, 장 3도, 완전 4도, 완전 5도, 장 6도, 장 7도, 완전 8도의 음정은 각각의 현의 길이의 비가 1:1, 9:8, 64:81, 4:3, 3:2, 27:16, 243:128이 될 때 두 현을 연이어 울리면 생겨난다.

그림 1-4 피타고라스 학파는 오각별을 그들의 공식적인 상징으로 삼았다. 오각별의 선분 AB와 AC 그리고 BC는 서로 황금비를 이룬다.

그림 1-5 라파엘로(Raffaello, 1483~1520), **'아테네 학당'** 철학을 상징하는 이 그림의 왼쪽 아래에는 책을 읽고 있는 피타고라스가 있다. 그림에서 피타고라스 부분을 확대하면 책에 무언가를 쓰고 있는 피타고라스 앞에 하모니의 원리가 그려진 석판이 놓여 있다(그림 1-6 참조). 석판 위의 그림은 음악의 하모니를 상징하는, 6과 8을 연결한 3:4의 비와 6과 9를 연결한 2:3의 비, 8과 9를 연결한 8:9의 비, 8과 12를 연결한 2:3의 비, 9와 12를 연결한 3:4의 비, 6과 12를 연결한 1:2의 비가 그려져 있다. 그 아래에는 1+2+3+4가 10임을 보여준다.

수학 좀 해보려고 합니다

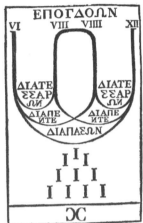

그림 1-6 라파엘로, '아테네 학당' 부분 피타고라스와 석판.

이처럼 피타고라스의 수리철학에서 수와 수의 비는 세계를 이해하기 위한 원리였다. 따라서 그러한 수의 비와 수에 대한 다양한 연산을 통해 새로운 수와 수열을 찾는 것은 철학적 탐구의 일환이었다. 세계를 수학적으로 바라보는 피타고라스의 관점은 고대 그리스는 물론이고, 이후 서유럽 사회에 광범한 영향을 미쳤다. 흔히 수학의 발전을 실용성의 관점에서 바라보기도 하지만, 수학이 본격적으로 발전한 계기는 무엇보다도 철학적인 목적에서였다.

2장

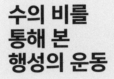

수의 비를
통해 본
행성의 운동

'수의 비'가
왜 중요했을까?

앞장에서는 피타고라스의 철학에서 수와 수의 비가 얼마나 중요했으며, 구체적으로 음악의 하모니에 어떻게 응용되었는지 살펴보았다. 그런데 음의 아름다운 조화 속에서 수의 비를 발견한 피타고라스는 음악 이론에만 머무르지 않고, 이후 온 우주를 수학적으로 바라보는 관점을 발전시켜나갔다. 피타고라스의 철학에서 수의 비는 음악을 넘어 인간과 사회 그리고 우주 속 행성 운동의 원리에도 숨겨져 있었다.

　피타고라스는 우주의 별과 행성이 투명한 천구sphere에 박혀 지구를 중심으로, 가장 완벽한 기하 도형인 원 모양의 회전 운동을 한다고 생각했다. 그리고 각 행성이 원 궤도를 한 바퀴 도는 데 걸리는 시간을 측정해 각 궤도의 반지름을 추정했다. 이를 통해

그림 2-1 독일의 지도 제작자 안드레아스 켈라리우스(Andreas Cellarius, 1596~1665)가 성도(star atlas)로 제작한 '대우주의 조화(Harmonia Macrocosmica)'(1660) 속 지구 중심의 천구 우주 구조를 표현한 그림.

　　　　　　　　　　　　　　　　수학 좀 해보려고 합니다

표 2-1 피타고라스의 우주의 하모니

천구	달	금성	수성	태양	화성	목성	토성	고정된 별들
음	라	솔	파	미	레	도	시	라
지구로부터 고정된 별들의 천구까지의 거리: 지구로부터 해당 행성의 천구까지의 거리	2:1	243:128	27:16	3:2	4:3	81:64	9:8	1

피타고라스는 각 행성과 별의 천구가 지구를 중심으로 달, 금성, 수성, 태양, 화성, 목성, 토성 그리고 고정된 별들의 천구 순으로 회전한다고 주장했다. 그리고 각각의 천구가 지구로부터 일정한 간격을 유지하면서 등속 운동을 한다고 보았다.

그런데 여기서 피타고라스가 독특했던 점은 각각의 천구가 지구로부터 떨어져 있는 거리에 따라 서로 다른 높이의 음을 낸다고 생각했다는 사실이다. 이는 천구의 회전 속도가 변하지 않고 늘 일정하다고 보았기에 가능한 생각이었다. 피타고라스는 가령 지구로부터 가장 가까이에서 회전하고 있는 달이 가장 높은 음을 낸다고 보았다. 반면, 지구로부터 가장 멀리 떨어져서 돌고 있는 고정된 별들의 천구는 가장 낮은 음을 낸다고 생각했다. (피타고라스의 제자 중에는 이와 달리, 달의 천구가 가장 낮은 음을 내고, 고정된 별들의 천구가 가장 높은 음을 낸다고 본 이들도 있었다.)

특히, 피타고라스는 지구로부터 서로 다른 거리만큼 떨어져서 회전하는 천구의 음들이 서로 다른 길이의 현이 만들어내는 8음계의 음들과 유사하다고 보았다. 지구로부터 고정된 별들의 천구까지 거리를 기준으로, 지구에서 달, 금성, 수성, 태양, 화성, 목성, 토성 그리고 고정된 별들이 박혀 있는 천구들까지 거리의 비가 각각 8음계의 음을 내는 현의 비와 일치한다고 본 것이다. 즉 피타고라스에 따르면, 지구로부터 고정된 별들의 천구까지 거리를 1이라고 할 때, 각각의 행성의 천구는 지구로부터 고정된 별들의 천구까지 거리와 지구로부터 해당 행성의 천구까지 거리의 비가 각각 $2:1$, $243:128$, $27:16$, $3:2$, $4:3$, $81:64$, $9:8$이 되도록 떨어져 있다. 그리고 각각의 행성의 천구는 고정된 별들의 천구부터 달의 천구까지 라, 시, 도, 레, 미, 파, 솔, 라의 순으로 높은 음을 냈다. 그에게 우주는 성스러운 지성에 의해 완벽하게 조율된 하나의 악기에 다름 아니었다.

그렇다면 행성 운동의 소리가 들리지 않는 것에 대해서는 어떻게 설명했을까? 우선 그는 행성이 회전할 때 큰 소음이 발생하지만, 우주는 그러한 음이 조화로울 수 있도록 조율되어 있다고 생각했다. 또한 행성은 계속해서 회전하고 있으므로 사람들 입장에서는 이미 그 소리에 익숙해서 그걸 인지하지 못한다고 보았다. 그리고 이러한 음을 인지하기 위해서는 수련이 필요하

수학 좀 해보려고 합니다

다고 주장했고, 피타고라스 본인만이 그러한 음을 인지할 수 있다고 했다.

이로써 우주의 비밀을 발견했다고 생각한 피타고라스는 세계와 우주의 수적 질서와 조화를 주장했다. 즉 이 세계와 우주는 수적 비례 관계 속에서 움직이고 있으며, 그렇게 움직이는 작인은 성스러운 지성, 즉 신이라 여겼다. 또한, 단순한 수적 비례를 통해 세계의 원리를 이해하고자 했던 피타고라스는 인간의 정신 역시 이러한 조화로움을 추구한다고 생각했다. 다만, 정신은 육체에 속해 있어 이러한 조화로움이 깨져 있으므로 인간은 육신의 정욕과 불안한 감정 상태를 통제하는 것이 필요하다고 주장했다.

수, 모든 존재의 근원적 원리를 발견하기 위한 열쇠

피타고라스는 자신이 수의 비를 통해 우주의 질서 및 조화의 원리를 발견했다고 생각했다. 피타고라스와 그 제자들이 '우주 전체가 하모니이자 수'라고 보았던 것은 바로 그런 이유 때문이다. 그들에게 수학과 음악, 천문학 그리고 우주론 등은 서로 밀접하게 연결되어 있었다. 피타고라스 학파에게 수는 모든 존재 아래 있는 근원적 원리를 발견하기 위한 열쇠였다. 이는 피타고라스 학파에 속했던 필로라우스Philolaus(470~385 BC)가 "수와 수의 본질이 아니면, 그 어떤 것도 그 자체나 다른 것과의 관계에 대해 명백하게 드러나지 않을 것"이라고 보았던 것에서도 잘 드러난다. 따라서 피타고라스 학파는 제자들을 양성하는 과정에서 수에 대한 연구를 가장 기본적으로 가르쳤고, 이후 음악·기하학·천문학 등을 주요 교육 과정으로 두었다.

수의 비와 음의 조화, 그리고 우주의 하모니에 대한 피타고라스의 생각은 이후 제자들을 통해 계속해서 다음 세대로 전해졌다. 천구 음악의 하모니는 고대 그리스 철학자 플라톤을 비롯해 로마 정치가 마르쿠스 키케로Marcus Tullius Cicero(106~43 BC) 그리고 알렉산드리아의 천문학자 겸 지리학자 클라우디우스 프톨레마이오스Claudius Ptolemy(100~170) 등에 의해 지속적으로 연구되면서 해당 사회에서 익숙한 관념으로 자리 잡았다.

이후 수의 비와 우주의 하모니에 대한 피타고라스의 생각은 6세기 서유럽에서 출간한, 아니키우스 보에티우스Anicius Manlius Severinus Boëthius(477~524)의 《음악론De Institutione Musica》(약 510)에서 체계적으로 집대성되었다. 이 책에서 보에티우스는 음악을 세 가지 유형으로 나누었다. 우주의 수학적 조화를 보여주는 '우주의 음악musica mundana'과 인간의 정신과 육체의 조화를 보여주는

수학 좀 해보려고 합니다

'인간의 음악musica humana', 그리고 우리가 즐겨 듣는 '도구의 음악 musica instrumentalis'이 바로 그것이었다.

여기서 '우주의 음악'은 천체의 규칙적인 질서와 조화로운 운동이 만들어내는 참된 음악을 가리켰고, '인간의 음악'은 인간의 정신과 육체의 조화로운 공명이 만드는 참된 음악을 의미했다. 이에 반해 '도구의 음악'은 피타고라스적 관점에서 볼 때 참된 음악이라고 보기 힘들었다. 그러나 참된 음악을 모방한 것을 듣는 것만으로도 영혼에 대한 통찰 및 참된 조화로움을 추구하는 데 도움이 될 수 있었다. 사람들이 악기로 연주하는 음악을 즐기는 이유였다.

보에티우스의 책은 이내 유럽에서 표준적인 음악 교재로 사용되기 시작했다. 이와 함께 피타고라스의 음악론 및 우주의 하모니에 대한 생각 역시 중세 유럽 사회에 널리 퍼져나갔다.

그 결과, 중세 유럽에서 음악은 세계의 질서와 우주의 하모니를 이해하기 위한 가장 중요한 분야 가운데 하나로 간주되었다. 특히, '우주의 음악'에 대한 연구는 지구와 행성 간 거리 및 행성의 속도 등에 관한 천문학적 연구의 발전으로 이어졌다. '인간의 음악'에 대한 관심 역시 인체의 수학적 질서 및 인체와 천체 간 조화에 대한 생각으로 이어져 인체의 수학적 비 및 점성술에 대한 연구를 자극했다. 그리고 '도구의 음악'에 대한 관심은 화성학 및 음향학의 발전으로 이어졌고, 성가의 형식으로 교회의 예배 속에 자리 잡아갔다.

우주와 인체의 수학적 하모니

음악 및 우주의 하모니에 대한 연구는 이후 르네상스기를 통해 신피타고라스주의와 신플라톤주의의 수비학적數祕學的 연구들이 주목을 끌면서 더욱 활발해졌다. 가령, 수학자이자 우주론자, 의사이자 점성술사였던 로버트 플러드Robert Fludd(1574~1637)는 《두 세계의 역사Utriusque Cosmi Historia》(1617~1619)에서 지상계와 천상계라는 두 세계의 수학적 조화를 이야기하면서, 구체적인 삽화를 통해 우주를 거대한 일현금Monochord으로 묘사했다.

일현금은 피타고라스가 음과 길이의 비의 관계를 연구하면서 사용한 악기였다. 하나의 줄에 특정한 길이의 비를 이루는 지점을 표시해 각 지점을 누르고 현을 튕길 때, 길이의 비에 따라 일현금은 서로 다른 음을 냈다. 플러드는 지구로부터의 거리에 따라 일정한 비율로 천구들을 배열할 때, 우주를 거대한 일현금으로 이해할 수 있다고 보았다.

또한 이 시기에는 인간을 소우주로 보고, 인간과 우주의 연결

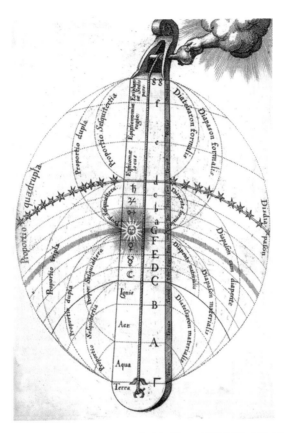

그림 2-3 로버트 플러드의 《두 세계의 역사》에 실린 삽화 그림 위쪽에 있는 신의 손이 우주의 일현금을 조율할 때 지구로부터 각각의 천구까지의 거리의 비가 조화로운 음을 만들어냄을 보여준다. 그림에서 가운데 긴 줄의 맨 아래 지점은 지상(Γ)을 의미한다. 그 위에는 각각 물의 층 (A), 공기의 층(B), 불의 층(C), 그리고 이어서 달의 천구(D), 수성의 천구(E), 금성의 천구(F), 태양의 천구(G), 화성의 천구(a), 목성의 천구(b), 토성의 천구(c), 그리고 고정된 별(항성)의 천구(d)가 일정한 거리의 비율로 겹겹이 배치되어 있다. 아울러 그 위에는 중세에 고안된 새로운 천구들이 일정한 비율로 놓여 있다.

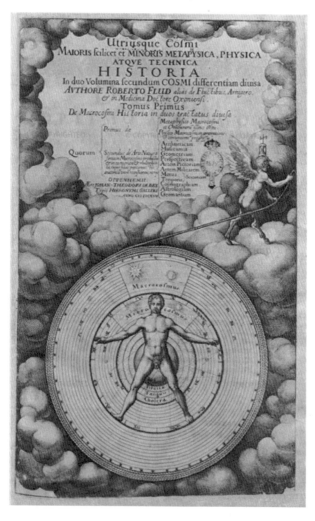

그림 2-4 로버트 플러드의 《두 세계의 역사》 속 권두화

수학 좀 해보려고 합니다

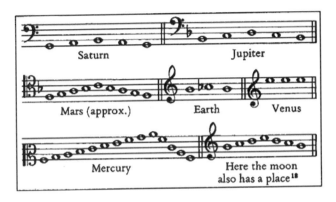

그림 2-5 케플러의 《우주의 조화(Harmonices Mundi)》(1619) 속 행성의 음악

및 조화를 발견하려는 경향도 늘어났다. 이는 플러드의 《두 세계의 역사》의 권두화에서도 잘 드러난다. 플러드는 우주라는 대우주 안에 인간이라는 소우주가 놓여 있다고 보았다. 플러드에게 인간이란 그 자체로 하나의 세계였고, 그 비밀은 수의 비를 통해 발견할 수 있는 것이었다.

우주의 하모니에 대한 생각은 근대 유럽의 과학자들까지도 매료시켰다. 가령, 요하네스 케플러Johannes Kepler(1571~1630)는 행성이 지구가 아닌 태양을 중심으로 부등속 타원 운동을 한다는 사실을 발견한 이후에도, 태양으로부터 각 행성까지의 거리의 변화에 따라 각 행성이 회전하면서 각기 다양한 음역의 소리를 낸다고 생각했다. 또한 튀코 브라헤$^{Tycho Brahe}$(1546~1601)나 아이작 뉴턴, 윌리엄 허셜$^{William Herschel}$(1738~1822) 같은 과학자 역시 행성 운동과 음악 사이의 관계 및 음악 이론 등을 연구했다. 학자들은 우주에서 발견되는 수의 비와 우주의 하모니를 어떻게 이해해야 할지 고민했다. 많은 과학자에게 음악을 연구하는 것은 우주를 연구하는 것의 일환이었다.

역사적으로 수의 비에 관한 연구는 단지 수학 연구에만 머물러 있지 않았다. 그것은 세계의 조화, 더 나아가서 우주의 조화 및 질서를 탐구하는 문제였다. 따라서 서양 문명의 역사 속에서 다양한 대상물에 감추어진 특정 수의 비를 찾는 작업은 꾸준히 계속되어왔다. 수의 비는 철학적 연구이자 음악적 연구였으며, 또한 우주론에 관한 연구였다.

수학 연구의 맥락

수의 비는 초등학교 때부터 가르친다. 그런데 수의 비나 유리수에 관한 교육 과정에서 철학적이거나 음악적인 논의는 거의 모두 빠져버렸다. 사실 수의 비에 관한 연구는 단순한 산술 계산을 넘어 오랜 기간 동안 철학적이고 우주론적인 연구와 연결되어

46

발전해왔다. 수의 비를 통해 음악의 하모니 원리는 물론이고, 인간과 우주의 조화 원리를 발견할 수 있다고 보았기에 수의 비를 가장 기본적이고 중요한 분야로 간주해온 것이다.

역사적으로 수학은 많은 경우, 수학 그 자체의 논리를 통해 발전하기보다는 다양한 사회적·학문적 욕구를 충족시키려는 과정에서 발전해왔다. 수의 비가 얼마나 다양한 분야와 관련해 연구되었고, 어떤 과정을 통해 발전했는지 살펴볼 때, 수학이 어떤 학문이었는지를 좀 더 새롭게 이해할 수 있을 것이다.

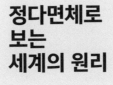

3장

정다면체로
보는
세계의 원리

'정다면체'는
왜 배우는 걸까?

수학을 배운 사람이라면 어렸을 때 한 번쯤은 전개도를 가지고 정육면체를 조립해본 기억이 있을 것이다. 초등학교 저학년 때까지 평면도형만 배우다 초등학교 고학년이 되면 입체도형인 정다면체를 배우기 시작한다. 그러다 중학교에 들어가면 정다면체의 성질을 좀 더 자세히 배운다. 그런데 흥미롭긴 하지만 이런 건 왜 배우는 걸까? 여기에는 많은 이들의 이야기가 숨어 있다.

정다면체의 형태를 지닌 물질의 4원소

정다면체에 대한 연구는 일찍부터 시작되었다. 고대 그리스에

정다면체	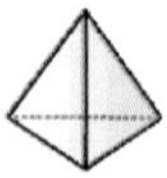	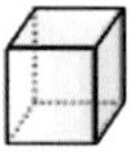	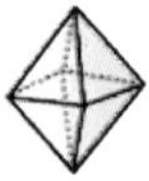	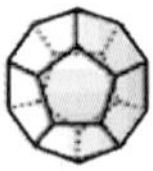	
	정사면체	정육면체	정팔면체	정십이면체	정이십면체
면의 모양	정삼각형	정사각형	정삼각형	정오각형	정삼각형
한 꼭짓점에 모이는 면의 개수	3개	3개	4개	3개	5개
꼭짓점의 개수	4개	8개	6개	20개	12개
모서리의 개수	6개	12개	12개	30개	30개
면의 개수	4개	6개	8개	12개	20개
전개도	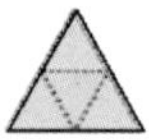	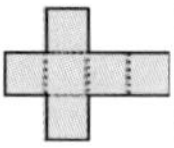	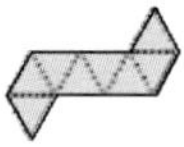	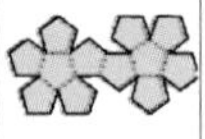	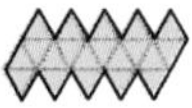

그림 3-1 중학교 1학년 수학 교과서의 '입체도형의 성질' 단원에 나오는 표

는 한동안 세 개의 정다면체만이 알려져 있었다. 한 면이 정삼각
형인 정사면체와 한 면이 정사각형인 정육면체, 그리고 한 면이
정오각형인 정십이면체가 그것이다. 피타고라스는 이들 정다면
체에 더해 한 면이 정삼각형인 정팔면체와 정이십면체를 발견했
다. 그리고 이 외에 더는 정다면체가 존재하지 않는다는 사실을
증명했다. 순수한 수학적 차원의 연구였다.

그런데 플라톤에 이르러 정다면체 연구는 새로운 관점에서 연
구되기 시작했다. 플라톤은 자신의 저서 《티마이오스Timaios》(360

수학 좀 해보려고 합니다

BC)에서 우주의 창조를 설명하며 물질의 변화를 언급했다. 그에 따르면 물질의 4원소인 물, 불, 흙, 공기는 태초에 불명확한 형태로 무질서하게 움직였다. 하지만 창조주가 여기에 정다면체의 형태를 부여하면서 조화로운 우주를 구성하기 시작했다. 그러면서 물·불·흙·공기가 각각 정이십면체·정사면체·정육면체·정팔면체의 형태를 지니고, 그 모든 것으로 구성된 우주는 정십이면체의 형태를 띠게 된다고 본 것이다.

  이후 플라톤은 물질의 변화와 다양성을 설명하기 위해 정다면체를 좀 더 분석했다. 정다면체 중 정사면체와 정팔면체 그리고 정이십면체의 한 면은 정삼각형이다. 이 경우 정사면체는 정삼각형 네 개로 이루어져 있으므로 이를 $\triangle \times 4$라고 표현하면, 정이십면체는 $\triangle \times 20$으로 표현할 수 있고, 이는 다시 $(\triangle \times 4) \times 5$로 나타낼 수 있다. 이를 통해 정이십면체인 물(이 경우엔 불을 붙이는 램프의 기름이라고 보면)로부터 불이 만들어진다고 설명할 수 있다. 이 외에도 정이십면체인 물은 $\triangle \times 20 = (\triangle \times 4) \times 3 + (\triangle \times 8)$이 되어 정사면체인 불 세 개와 정팔면체인 공기 한 개로 분해될 수 있다. 이는 마찬가지 방식으로 물이 끓어서 불과 공기가 섞인 뜨거운 수증기로 변화한다고 이해할 수 있다. 결국 물, 불, 공기는 모든 면이 정삼각형이므로 이들 간에는 서로 변화가 가능해진다. 자연히 한 면이 정사각형인 흙은 물, 불, 공기와 변환할 수 없다.

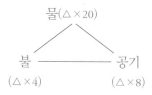

물(△×20)

불　　　공기
(△×4)　　(△×8)

또한 각각의 물질 역시 변종들을 가진다. 플라톤은 정삼각형과 정사각형이 각각 직각삼각형 두 개로 구성된다고 보았다. 30°, 60°, 90°의 직각삼각형과 45°, 45°, 90°의 직각이등변삼각형이 그것이다. 이 중 전자는 정사면체·정팔면체·정이십면체의 한 면인 정삼각형을 구성하고, 후자는 정육면체의 한 면인 정사각형을 만든다.

여기서 직각삼각형의 개수와 구성을 변화시키면, 크기가 변형된 다양한 정삼각형과 정사각형을 구성할 수 있다. 그리고 이에 따라 다양한 크기의 정다면체가 만들어진다. 이 경우, 같은 속성의 물질이라도 서로 다른 성질을 지닌 물질의 변종을 설명하는 것이 가능하다. 예컨대 물의 경우 탁한 물과 맑은 물, 휘발성 액체와 액체 연료 등 다양한 액체 물질을 설명할 수 있다. 공기의 경우에도 맑은 공기와 흐릿한 공기, 안개, 구름 등을 설명할 수 있다.

수학 좀 해보려고 합니다

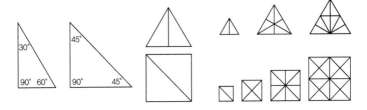

그림 3-2 플라톤의 직각삼각형 구성

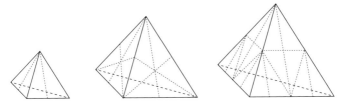

그림 3-3 불 원소의 정사면체 변형

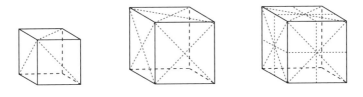

그림 3-4 흙 원소의 정육면체 변형

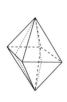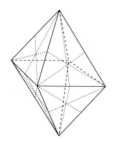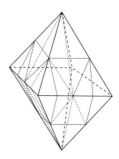

그림 3-5 공기 원소의 정팔면체 변형

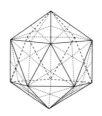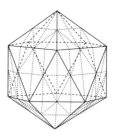

그림 3-6 물 원소의 정이십면체 변형

수학 좀 해보려고 합니다

화가들의 손에서 다시 시작된 정다면체 연구

플라톤의 수학적 자연철학은 매우 흥미로우나, 이후 아리스토텔레스에 의해 비판을 받으면서 연속적인 발전을 이루지 못했다. 또한 아리스토텔레스의 철학이 중세 서유럽 학문의 주축을 이루면서, 이 시기 다면체 연구는 유클리드Euclid of Alexandria(약 325~약 265 BC)의 《기하학 원론Elements》(약 300 BC) 이상으로 발전하지 못했다.

그런데 르네상스기에 이르러 플라톤의 저술을 활발하게 번역 및 연구하면서 플라톤의 정다면체 연구도 다시 활기를 띠기 시작했다. 르네상스기의 가장 뛰어난 기하학자 중 한 사람은 화가 피에로 델라 프란체스카Piero della Francesca(1415~1492)인데, 그는 《다섯 개의 정다면체에 관한 소고Libellus de quinque corporibus regularibus》(1480)라는 책을 출판하기도 했다.

프란체스카의 연구는 이후 성직자이자 수학자 루카 파치올리Luca Pacioli(1447~1517)에게 전해졌다. 파치올리의 《신성한 비례De Divina Proportione》(1509)는 그의 기하학적 연구를 잘 보여준다. 이 책에서 그는 조화롭고 신성한 수학적 원리의 하나로 플라톤의 정다면체를 포함한 기하학적 다면체를 제시했다. 이 책은 레오나르도 다빈치Leonardo da Vinci(1452~1519)의 삽화로도 유명한데, 다빈

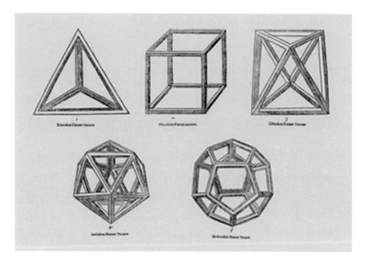

그림 3-7 레오나르도 다빈치가 그린 정다면체 투시도

치는 파치올리에게 기하학을 배우면서 60여 개의 삽화를 그려 이 책에 실었다.

이탈리아에서의 르네상스 물결은 화가 알브레히트 뒤러Albrecht Dürer(1471~1528)를 통해 북부 지역으로 번져갔다. 뒤러 역시 기하학적 다면체를 연구했던 인물인데, 저서 《측정에 관한 네 가지 책Vier Bücher von Menschlicher Proportion》(1528)에서 플라톤의 정다면체를 포함해 다양한 다면체를 소개했다. 이후 왕실 금세공인이자 판화 제작자 벤첼 야므니처Wenzel Jamnitzer(1507~1585)는 뒤러의

그림 3-8 야므니처의 《정다면체 투시도》 속 불의 형상인 정사면체 변형을 설명하는 장 도입부 그림

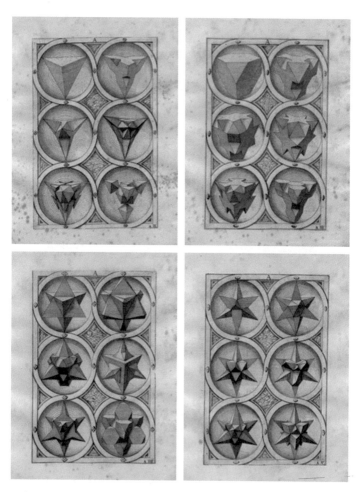

그림 3-9 야므니처의 《정다면체 투시도》 속 정사면체 변형을 보여주는 그림 야므니처는 물, 불, 흙, 공기의 형상인 정다면체 각각에 대해 매번 네 장의 도판을 할애해 그 변형을 소개했다. 맨 위 왼쪽부터 정사면체를 깎아가면서 새로운 다면체를 만들어내는 과정을 보여준다.

수학 좀 해보려고 합니다

작품을 접한 뒤 플라톤의 4원소와 정다면체에 대해 연구하면서 《정다면체 투시도Perspectiva Corporum Regularium》(1568)를 썼다. 그는 자신의 책에서 네 가지 원소에 상응하는 정다면체를 다양하게 변형해 새로운 다면체를 창조했다. 이 책은 당시에 매우 유명했는데, 튀코 브라헤나 케플러 같은 이들의 서재에도 꽂혀 있었다.

정다면체가 보여주는 우주의 신비

야므니처의 책을 접한 요하네스 케플러는 플라톤의 정다면체 연구를 완전히 새로운 관점에서 바라본 인물이었다. 케플러는 천문학 연구를 하면서 지구를 제외한 행성이 왜 다섯 개(수성, 금성, 화성, 목성, 토성; 당시에는 아직 천왕성이 발견되지 않은 상태였다)이며, 각 행성의 궤도는 왜 그런 크기인지 의문을 품었다. 그러던 중 태양이 지나는 황도 위에서 목성과 토성이 만나는 지점을 표시해 연도 순으로 선을 그어 계속해서 삼각형을 만들어갈 때, 황도 내부에 다시 작은 원이 생기는 것을 확인했다. 놀란 그는 원과 정다면체 사이의 관계에 대해 고민하기 시작했다.

케플러는 그 과정에서 세상에 오로지 다섯 개의 정다면체만 존재한다는 사실이 신이 만든 우주의 조화를 보여주는 수학

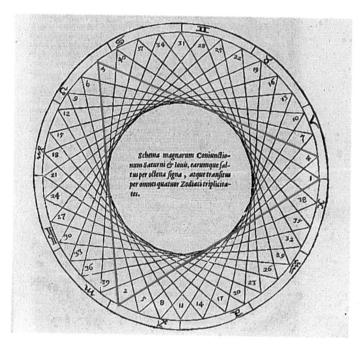

Scheina magnarum Coniunctio-
num Saturni & Iouis, earumque fal-
tus per octena ſigna, atque tranſitus
per omnes quatuor Zodiaci triplicita-
tes.

그림 3-10 바깥의 황도 원 위에 목성과 토성이 만나는 점을 표시하고 순서대로 연결한 그림
그림의 빨간 선은 1, 2, 3, 4의 시간 순서대로 연결한 선으로 삼각형과 유사한 연결선에 작은 원
이 내접하는 것이 보인다. 케플러의 《우주의 신비》에 삽입된 그림.

수학 좀 해보려고 합니다

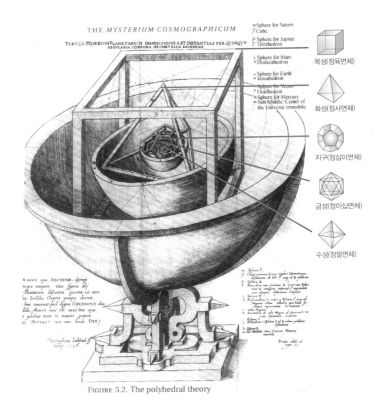

THE *MYSTERIUM COSMOGRAPHICUM*

TABVLA MOTEIVM PLANETARVM DIMENSIONES, ET DISTANTIAS PER QVINQVE
REGVLARIA CORPORA GEOMETRICA EXHIBENS.

∞ Sphere for Saturn
β Cube

γ Sphere for Jupiter
δ Tetrahedron

ε Sphere for Mars
ζ Dodecahedron

η Sphere for Earth
θ Icosahedron

ι Sphere for Venus
κ Octohedron
λ Sphere for Mercury · Sun Middle: Center of
the Universe immobile

목성(정육면체)

화성(정사면체)

지구(정십이면체)

금성(정이십면체)

수성(정팔면체)

FIGURE 5.2. The polyhedral theory

그림 3-11 케플러의 《우주의 신비》에 실린 정다면체 우주 구조 토성의 회전 궤도를 품은 구.
안쪽으로 들어가면서 순서대로 목성, 화성, 지구, 금성, 수성의 회전 궤도를 품은 구.

적 원리라고 생각했다. 그는 1596년에 쓴 《우주의 신비Mysterium Cosmographicum》에서 행성의 회전 궤도를 각각의 정다면체에 외접시키는 구조로 설명했다. 그는 태양을 중심으로 수성이 원 궤도로 회전할 때 그 원을 포함하는 구에 외접하는 정팔면체가 있는 것으로 생각하고, 그 정팔면체에 외접하는 구를 그릴 때 그것에 속하는 한 원의 둘레가 금성의 궤도가 된다고 보았다. 이어 마찬가지로 금성의 회전 원 궤도가 속하는 구에 정이십면체가 외접하면, 그 정이십면체에 외접하는 구의 한 원둘레가 지구의 회전 궤도가 된다고 보았다. 이런 식으로 그는 구에 외접하는 정다면체와 그 정다면체에 외접하는 구를 구하는 방식으로 태양계 행성의 거리와 회전 궤도를 설명했다. 오차가 5% 정도였으니 거의 완벽한 수준에 가까웠다. 그의 발견은 플라톤의 정다면체를 통해 천상계의 행성 운동을 설명한 것이었던 만큼, 당시 유럽 학계에 충격을 안겼다. 일개 수학 교수였던 케플러를 전 유럽 학계의 유명 인사로 만든 것은 바로 이 연구였다.

케플러의 정다면체 원 궤도 우주 구조는 이후 정확한 천문 관측 자료를 접하면서 타원 궤도로 수정되었다. 비록 원에서 타원으로 바뀌었지만, 신이 창조한 우주의 기하학적 조화의 원리는 케플러가 계속해서 고수한 신념이었고, 그것은 결국 뉴턴에 의해 기하학적으로 증명되었다.

수학 좀 해보려고 합니다

이처럼 정다면체는 오랜 역사를 통해 철학적으로나 미학적으로 매우 중요하고 또 아름다운 대상으로 여겨져왔다. 그런 탓에 수학 교육 과정에는 늘 우선적으로 포함되었다. 흔히 수학의 유용성을 실생활의 쓸모 등의 관점에서 보는 경향이 있지만, 오랫동안 수학은 철학적이고, 신학적이며, 또한 미학적인 관점에서 매우 유용한 도구로 쓰였다. 그것이 바로 서양 수학을 발전시킨 원동력이자 뿌리였다.

4장

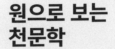

**원으로 보는
천문학**

수학 교과서에
원은 왜 그렇게
많이 등장할까?

수학 교과서에는 원이 많이 등장한다. 우선 중학교에서는 두 원의 위치 관계나 원에서의 비례 관계, 그리고 원과 직선의 문제 등에 대해 배운다. 그러다 고등학교에 올라가면, 원의 방정식을 배운다. 그런데 원에 관해서는 왜 배우는 걸까? 그리고 원을 배

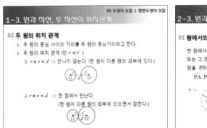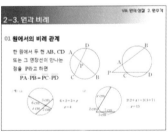

그림 4-1 수학 교과서에 나오는 원 관련 학습 내용

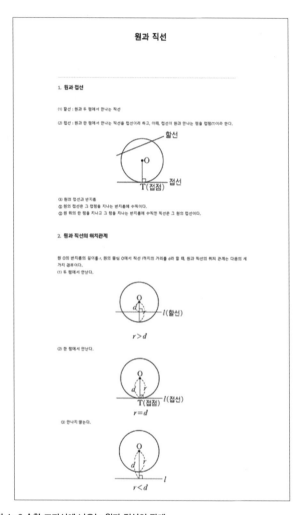

그림 4-2 수학 교과서에 나오는 원과 직선의 관계

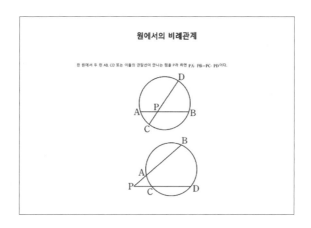

그림 4-3 수학 교과서에 나오는 원에서의 비례 관계

우면 원만 배우지, 두 원의 위치 관계나 원과 직선의 문제 등은 왜 배울까? 그 문제를 이해하기 위해서는 고대 그리스의 천문학에 대해 살펴볼 필요가 있다.

등속 원운동으로만 움직이는 천체

고대 그리스에서 기하학은 단순한 수학 지식이 아니었다. 기하학의 내용은 반박할 수 없는 사실로 보였고, 기하학적 증명은 논

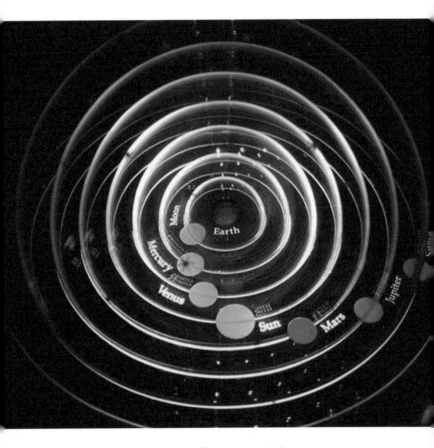

그림 4-4 지구 중심의 천구 우주 구조 모형(미 국립항공우주박물관)

수학 좀 해보려고 합니다

리적으로 너무도 완벽해 보였다. 그 때문에 고대 그리스의 철학자들은 신이 창조한 세상을 기하학적 원리를 통해 이해하고자 했다. 그리고 이러한 기하학적 원리가 한층 잘 적용된 곳은 변화가 많은 지상보다는 늘 비슷한 운동을 반복하는 것처럼 보이는 하늘이라고 보았다.

고대인에게 하늘은 완벽한 곳으로 보였다. 하늘은 늘 그 자리에 있고, 행성들과 별들은 주기적으로 규칙적인 회전 운동을 하는 것 같았다. 따라서 기하학적 원리를 통해 이해할 수 있다면, 그곳에서의 운동 궤도는 가장 완벽하고 아름다운 기하학 도형을 따라야 했다. 그것은 바로 원이었다. 고대 그리스의 동심원 천구 우주 구조는 바로 이런 생각에서 탄생했다. 천체의 행성들은 각각 지구를 중심으로 동심원을 이루는 투명한 천구에 박혀서 원운동을 하며, 그 운동의 속도는 늘 일정하다고 본 것이다. 고대인에게 동심원 천구 우주 구조는 완전하고 아름다운 하늘에 잘 어울려 보였다.

새로운 원

이후 플라톤은 기하학적 우주 구조에 대한 생각을 보다 체계적

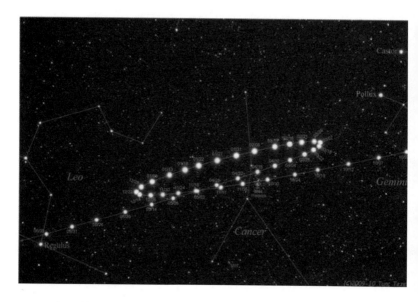

그림 4-5 천문 사진작가 툰 테젤(Tunç Tezel, 1977~)이 찍은 목성의 역행 운동 사진 10월 2일에
관측한 맨 오른쪽의 목성은 왼쪽으로 이동하다 중간에 고리를 만들며 역행 운동을 한 뒤 6월 5일
맨 왼쪽에 다다랐다.

수학 좀 해보려고 합니다

으로 발전시켜나갔다. 그는 창조주가 이 세상을 기하학적 형상에 따라 창조했다고 보았다. 따라서 우주에서는 오로지 가장 완전한 도형인 원운동만이 늘 같은 속도로 이루어진다고 여겼다.

문제는 지상에서 관측하면 별이나 행성이 늘 등속 원운동만 하는 것은 아니라는 사실에 있었다. 가령, 목성의 궤도를 관찰하다 보면, 때로는 목성이 동쪽에서 서쪽으로 움직이다가 어느 순간 뒤로 돌아 다시 동쪽으로 움직이고, 그러다 다시 서쪽으로 움직이는 것을 관찰할 수 있다. 이른바 역행 운동이라고 일컫는 현상인데, 이는 행성의 운동이 반드시 원운동만 하는 것은 아님을 보여준다.

행성의 운동 속도 역시 일정하지 않다. 동일한 행성도 빠르게 움직이다가 다시 느리게 움직인다. 또한 지구를 중심으로 모든 행성이나 별이 등속 원운동을 한다면, 행성은 늘 같은 크기로 보여야 하지만 실제로는 그렇지 않다. 겉으로 관측되는 행성의 크기는 커졌다 작아지면서 늘 변화한다. 행성의 회전 속도 역시 일정하지 않다. 어떤 땐 빠르게 회전하는 것처럼 보이지만, 어떤 땐 아주 느리게 움직인다. 결국 육안으로 관찰했을 때, 별이나 행성이 등속 원운동만 한다고 보기는 힘들었다.

이런 상황에서 플라톤은 제자들에게 '원으로 (천체) 현상을 구하라'는 과제를 남겼다. 천체는 완벽해서 오로지 등속 원운동만

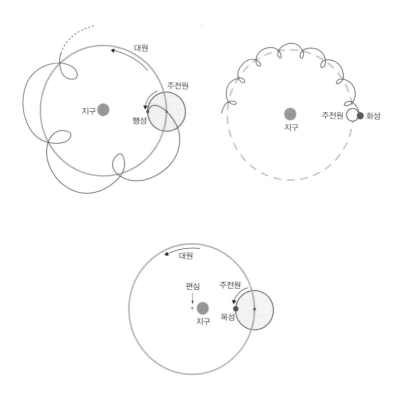

그림 4-6 새로운 원을 고안하거나 변형하는 작업은 고대 그리스 천문학자들의 주된 업무였다.

수학 좀 해보려고 합니다

이 가능하니, 그러한 원을 통해 복잡한 천체 현상을 설명하라는 것이었다. 그러나 행성의 운동을 등속 원운동을 하는 하나의 궤도로 설명하는 것은 매우 어려운 일이었다. 결국 제자들은 등속 원운동을 하는 하나의 원만으로는 행성의 운동 궤도를 설명할 수 없다는 사실을 깨닫고, 이내 새로운 원들을 고안하기 시작했다.

우선, 행성이 지구를 중심으로 한 큰 회전 궤도 위를 스프링처럼 작은 원(주전원)을 돌면서 회전한다고 가정했다. 행성이 주전원 위를 돌면서 크게는 지구를 중심으로 하는 동심원 주위를 돈다는 것이었다. 이 경우, 행성은 그림 4-6에서처럼 스프링 모양으로 회전하게 되는데, 주전원의 반지름이 크면 굵은 스프링 궤도가 나오고, 반지름이 작으면 촘촘하게 뽀글뽀글한 스프링 궤도가 생긴다. 이럴 경우, 지구에서 관찰하면 행성의 역행 운동을 설명하는 것이 가능해진다.

주전원을 가정해도 행성의 궤도가 잘 설명되지 않는 경우에는 궤도의 중심을 바꿨다. 행성 궤도의 중심을 지구가 아니라, 지구로부터 얼마만큼 떨어진 점(편심)으로 잡는 것이다. 이때 행성이 지구가 아니라, 지구로부터 떨어진 점을 중심으로 큰 원(대원)을 그리며 회전한다고 보았다. 이럴 경우, 지구에서 보면 행성이 회전할 때 지구로부터의 거리가 계속해서 변한다. 지구에 가까울 경우도 있고 먼 경우도 있어, 지구에서 행성을 관찰할 때 행성의

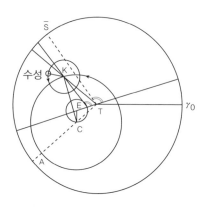

그림 4-7 프톨레마이오스의 천문학 서적 속 그림 지구 T로부터 약간 떨어진 점 C를 중심으로 점 K와 A를 지나는 원을 그리면, 수성은 점 K를 중심으로 하는 주전원 위를 돌면서 점 A를 지나는 큰 원을 돈다. 지구에서 수성까지 거리나, 지구에서 수성의 궤도까지 거리를 구하기 위해서는 두 원의 위치 관계와 원에서의 비례 관계 등을 고려해야 한다.

크기가 변하는 것을 자연스럽게 설명할 수 있다.

　이렇듯 새로운 원을 고안하거나 변형하는 작업은 이후 고대 그리스 천문학자들의 주된 업무가 되었다. 천문학자들은 원 궤도의 중심을 계속해서 변화시켰고, 원 궤도 위에 다시 스프링처럼 도는 주전원을 만들어냈다. 이 과정에서 각각의 행성 궤도를 정확하게 설명할 수 있도록 주전원의 크기나 편심의 위치 등을 결정하기 위해서는 여러 원들 간의 위치 관계를 고려해야 했다. 또한 지구로부터 각각의 행성까지 거리를 구하거나 편심의 중심

수학 좀 해보려고 합니다

으로부터 행성까지 거리 등을 구하기 위해서는 중심에서부터 행성까지 선을 그어 원에서의 비례 관계나 원과 직선의 문제 등을 파악해야 했다.

그 결과 가령, 고대 그리스의 천문학을 체계적으로 집대성한 프톨레마이오스에 이르면 새로운 원은 80여 개에 달했다. 천문학자들의 주된 작업은 여러 원들 간의 위치 관계와 원에서의 비례 관계, 그리고 원과 직선 간의 관계 등을 연구하는 일이었다. 흔히 '고대 그리스의 천문학' 하면 지구를 중심으로 하는 간단한 동심원 구조를 생각하기 쉽지만, 실제 천문학자들의 연구는 훨씬 더 복잡했다.

코페르니쿠스의 원

원운동만으로 천체 운동을 설명하는 작업은 근대 초까지도 계속되었다. 태양중심설을 발표한 니콜라우스 코페르니쿠스Nicolaus Copernicus(1473~1543) 역시 원운동 하는 천구 구조를 그대로 고수했다. 그는 태양과 지구의 위치만 바꾸었을 뿐 고대 그리스 천문학에서 쓰였던 주전원과 편심 그리고 대원 등을 그대로 사용했다. 그 결과 코페르니쿠스의 천체 구조에는 여전히 40여 개의

그림 4-8 지오바니 리치올리(Giovanni Battista Riccioli, 1598~1671)의 《새로운 알마게스트
(Almagestum Novum)》(1651)[《알마게스트》는 프톨레마이오스가 쓴 천문학 서적으로, 서유럽에서
는 천문학 분야의 경전과 같은 권위를 지니고 있었다] 속 권두화. 그림 오른쪽에는 정의의 여신
이 두 우주 구조를 들고 저울질하고 있다. 왼쪽의 우주 구조(코페르니쿠스의 구조)보다 오른쪽의 우
주 구조(튀코의 구조를 닮은 리치올리의 구조) 무게가 더 나가는 것을 보여줌으로써 우수함을 강조하
고 있다. 아직 뉴턴이 타원 궤도를 기하학적으로 증명하기 전인 상황에서, 우주는 여전히 원 궤
도로 돌아가고 있었다.

수학 좀 해보려고 합니다

원이 존재했다. 그에게 원은 가장 완벽한 도형이었고, 행성은 그런 원 궤도만을 따라 같은 속도로 회전해야 했다.

시간이 지나면서 천체 관측은 더욱더 정교해졌다. 하지만 천문학자들의 원에 대한 집착은 변하지 않았다. 천문학자들은 어떻게든 원운동으로 천체 현상을 설명하려고 노력했다. 근대 초 망원경을 발명하기 이전 가장 우수한 천문 관측을 수행했던 튀코 브라헤 역시 원운동에 대한 신념을 버리지 않았다. 그는 방대한 천문 관측을 통해 코페르니쿠스의 태양중심설 구조의 우수성을 이해할 수 있었다. 하지만 그것이 기존의 기독교적 세계관과 배치되는 점에 대해서는 불만을 가졌다. 튀코는 천문 관측 자료와 일치하면서도 기존의 세계관과 배치되지 않는 천체 구조를 새롭게 고안했다. 튀코의 우주 구조에서 태양은 지구를 중심으로 회전했지만, 지구 외의 다른 모든 행성은 태양을 중심으로 회전했다. 튀코의 우주 구조는 지구 중심의 세계관과 조화를 이루면서도 태양중심설 구조의 이점을 모두 취할 수 있었다. 결국 근대 초 유럽에서 가장 우수한 천체 구조로 평가받은 것은 튀코의 구조였다. 그리고 그의 구조 역시 주전원이나 대원 등을 포함한 수많은 원들로 구성되어 있었다.

이후 튀코의 방대한 천문 관측 자료는 케플러에게 전해졌다. 신성로마제국 황제의 후원을 받던 튀코가 케플러를 조수로 고용하고 1년 후 갑자기 사망하자, 케플러가 튀코의 천문 관측 자료를 고스란히 물려받은 것이다. 코페르니쿠스의 태양중심설을 지지한 케플러는 이후 태양 중심의 등속 원운동 궤도를 통해 튀코의 천문 관측 자료를 일치시키기 위해 노력했다.

그런데 아무리 노력해도 등속 원운동 궤도로는 튀코의 관측 자료를 만족시키는 우주 구조를 발견할 수 없었다. 천체 운동의 기하학적 원리에 대한 신념을 지니고 있던 케플러는 튀코의 관측 자료를 설명하기 위해 새로운 기하학 연구에 관심을 기울였다. 이 과정에서 아폴로니우스의 원뿔 곡선(타원, 포물선, 쌍곡선)을 접한 케플러는 등속 원운동을 버리고, 부등속 타원 운동 궤도를 고안했다. 그리고 행성의 부등속 회전 운동의 수학 법칙 역시 제시했다. 이후 뉴턴이 만유인력의 법칙을 통해 케플러의 부등속 타원 운동을 기하학적으로 증명했을 때, 원은 하늘에서 폐기되기 시작했다.

수학 교과서는 일종의 역사책

수학 교과서는 일종의 역사책이다. 그 속에는 지금은 폐기되었지만 역사적으로 중요했던 수학 법칙과 이론이 자세히 소개되어 있다. 중학교 교과서에서 소개하고 있는 두 원의 위치 관계나 원에서의 비례 관계, 그리고 원과 직선의 문제 등은 과거 천문학에서 사용하는 수리 계산을 위해 교육하던 내용이었다. 행성의 궤도가 원이 아닌 타원 궤도로 변경된 지금, 두 원의 위치 관계나 원에서의 비례 관계 등에 관한 연구는 천문학 분야에서 직접적인 실용성을 지니지 못한다. 그러나 이런 내용은 천체 운동을 원을 통해 설명하고자 했던 과거의 창조적인 수학적 사고의 일면을 잘 보여준다. 바로 그것을 이해하는 것이 수학적 사고를 기르는 첫걸음이라 할 것이다.

5장

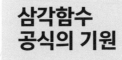

삼각함수
공식의 기원

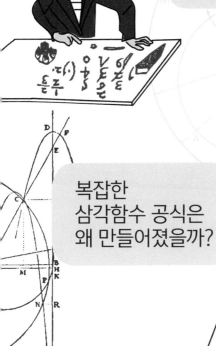

복잡한
삼각함수 공식은
왜 만들어졌을까?

고등학교 수학을 배운 사람이라면 복잡한 수학 공식을 외우면서 다음과 같은 노래를 불렀던 기억이 있을 것이다. "신프신은 두신코, 신마신은 두코신, 코프코는 두코코, 코마코는 마두신신…(아래 공식)." 바로 삼각함수 공식이다. 앞 글자만 따서 만든 노래인데, 같은 공식이라도 학교 선생님들마다 가사는 다 다르다. 그런데 이런 공식은 왜 만들어졌을까? 그 비밀은 천문학 연구로 거슬러 올라간다.

$$\sin x + \sin y = 2\sin\left(\frac{x+y}{2}\right)\cos\left(\frac{x-y}{2}\right)$$

$$\sin x - \sin y = 2\cos\left(\frac{x+y}{2}\right)\sin\left(\frac{x-y}{2}\right)$$

$$\cos x + \cos y = 2\cos\left(\frac{x+y}{2}\right)\cos\left(\frac{x-y}{2}\right)$$

$$\cos x - \cos y = 2\sin\left(\frac{x+y}{2}\right)\sin\left(\frac{x-y}{2}\right)$$

천문학의 도구, 삼각법

앞장에서 소개했듯, 고대 그리스의 천문학에서는 원이 중요했다. 모든 행성과 별은 늘 동일한 원운동을 한다고 여겼고, 그게 가능해 보이지 않는 경우에는 다양한 원운동을 결합해서 설명했다.

그런데 천체 구조가 복잡했음에도 불구하고, 천체 운동을 이해하기 위한 직접적 단서는 오랫동안 각도가 거의 유일했다. 망원경 개발 이전, 지상에서 육안으로 행성이나 별을 관측해서 구할 수 있는 정보는 제한적이었다. 가령, 행성의 그림자가 어떤 모양인지를 통해 그 행성이 태양과 어떤 각도에 놓여 있는지 유추할 수 있었다. 또한 특정 행성이나 별이 지평선이나 북극성 같은 기준점에 대해 어느 정도의 각도를 이루고, 그 각도가 시간의 흐름에 따라 어떻게 변화하는지 확인할 수 있었다.

이런 각도 계산은 언뜻 흥미롭지만 사실 의미 없어 보인다. 각

수학 좀 해보려고 합니다

도만 가지고서는 행성과 그 운동에 관해 아무런 정보도 얻을 수 없기 때문이다. 그런데 고대 그리스의 수학자들은 바로 이러한 각도 계산을 통해 행성의 크기나 두 행성 간 거리, 행성의 운동 궤도, 최종적으로는 우주의 크기 등을 짐작했다.

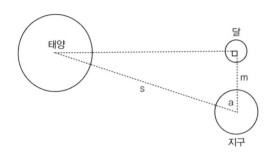

그림 5-1 지구에서 태양까지의 거리 계산 도식

가령, 각도 관찰을 통해 어떻게 지구에서 태양까지의 거리를 구했는지 살펴보자. 지구에서 태양까지의 거리를 최초로 계산한 인물은 고대 그리스의 천문학자 아리스타르코스Aristarchus of Samos(약 310~약 230 BC)이다. 그는 지구에서 태양까지의 거리를 계산하기 위해 그림 5-1과 같이 태양과 지구 그리고 달이 직각을 이루는 때를 기다렸다. 지구에서 관찰하면 달은 정확하게 반달이 되는데, 그는 바로 이때 지구를 중심으로 달과 태양 사이의 각도(a)를 측정했다. 아리스타르코스가 관찰한 각도는 87°였다. 이 경우, 'sin(90°-87°)=sin3°=지구에서 달까지의 거리(m)/지구에서 태양까지의 거리(s)'가 되고, sin3°(현대 계산으로는 0.05233···)의 값은 1/19(=0.05263···)과 유사하다고 보았다. 따라서 아리스타르코스는 지구에서 태양까지 거리가 지구에서 달까지 거리의 19배라고 생각했다. 그런데 그는 이전에 지구에서 달까지의 거리를 계산한 바 있었다. 결국 sin3°의 값만 알면 지구에서 태양까지의 거리를 구할 수 있게 된다. 문제는 sin3°의 값을 어떻게 구하느냐다.

sin3°의 값을 계산하기 전에 먼저 고대 그리스인들이 사인 값을 어떻게 정의했는지 살펴보자. 사인, 코사인, 탄젠트의 값을 다루는 삼각법은 고대 이집트와 바빌로니아에서 처음 사용되었다. 그러나 그때까지는 지금과 같이 sin, cos, tan 같은 기호를 사용하지 않았고, 계산 과정이 체계적으로 정리되지도 않았다. 삼각법을 새롭게 정의하고 체계적으로 발전시킨 것은 고대 그리스 때였다.

그중에서도 삼각법을 체계적으로 발전시킨 인물은 수학자이자 천문학자 히파르쿠스Hipparchus of Nicaea(약 190~약 120 BC)였다. 히파르쿠스는 주어진 원의 반지름을 알 때, 각각의 중심각에 대한 현의 길이를 구하는 방법을 고안했다. 히파르쿠스에 따르면, 반지름이 R일 때, 한 원호의 중심각을 a라고 하면 현 Crd(a)=2Rsin(a/2)가 된다. 비록 sin이라는 기호는 사용하지 않았지만, 현의 길이를 구하면 Crd(a)/2R를 계산할 수 있으므로 sin(a/2)에 해당하는 값을 구하게 된다. 이때 간단한 반지름과 현의 길이를 가정해 각각의 각에 대한 사인 값을 미리 구해놓으면, 한 행성이 시간의 흐름에 따라 얼마만큼의 각도로 움직였는지를 파악해 지나간 거리를 알 수 있고, 더 나아가 그 행성의 궤도나 크기를 구하는 것이 가능해진다.

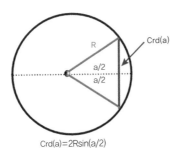

Crd(a)=2Rsin(a/2)

그림 5-2 주어진 원의 반지름을 알 때, 각각의 중심각에 대한 현의 길이를 구하는 방법.

문제는 주어진 각에 대한 사인 값을 구하는 일이다. 물론 sin(30°)는 쉽게 구할 수 있다. 중심각을 60°로 잡으면 반지름이 R인 정삼각형이 만들어지므로, 현 Crd(60°)는 반지름 R와 같아진다. 이때 Crd(60°)=2Rsin(60°/2)이므로, sin(30°)=R/2R=1/2 이 된다. 중심각이 90°일 경우에는, 반지름과 현이 직각삼각형을 구성하므로 피타고라스의 정리를 이용하면, sin(90°/2)=$\sqrt{2}$R/2R=1/$\sqrt{2}$의 값을 구할 수 있다. 그런데 현(3°)나 현(19°) 같은 것은 구하기가 힘들다. 삼각함수의 공식은 바로 이런 어려움을 해결하려는 과정에서 탄생했다.

가령, 삼각함수의 공식을 활용해 다양한 각도의 삼각함수 값을 구해보자. 만약 sin(60°)를 알고 있다면 삼각함수의 제곱 공식($\sin^2\theta + \cos^2\theta = 1$)을 통해 우선 cos(60°)의 값을 구할 수 있으므로 여기에 반각 공식($\sin^2\frac{\theta}{2} + \frac{1-\cos\theta}{2}$)을 이용하면 sin(30°)를 구할 수 있다. 그리고 계속해서 반각 공식을 적용하면 sin(15°)와 sin 15/2°를 구할 수 있다. 이제 사인 덧셈 공식($\sin(\alpha+\beta) = \sin\alpha\cos\beta + \cos\alpha\sin\beta$)을 적용하면, sin(15°+15/2°)인 sin 45/2°를 구할 수 있다. 고대 그리스의 천문학을 체계적으로 집대성한 프톨레마이오스는 이런 방식으로 반지름을 60으로 놓고 1/2°부터 시작해 180°까지 1/2° 간격으로 나눈 각각의 각에 대응하는 현의 길이를 구한 표를 작성했다. 이는 각각의 각에 대응하는 현의 길이를 구하는 천문 계산 과정의 번거로움을 덜기 위한 것이었다.

수학 좀 해보려고 합니다

$$\sin^2 \frac{\theta}{2} = \frac{1-\cos\theta}{2}$$

$$\cos^2 \frac{\theta}{2} = \frac{1+\cos\theta}{2}$$

$$\tan^2 \frac{\theta}{2} = \frac{1-\cos\theta}{1+\cos\theta}$$

$$\sin(\alpha+\beta) = \sin\alpha \cos\beta + \cos\alpha \sin\beta$$

$$\cos(\alpha+\beta) = \mathrm{con}\alpha \cos\beta - \sin\alpha \sin\beta$$

$$\sin(\alpha-\beta) = \sin\alpha \cos\beta - \cos\alpha \sin\beta$$

$$\cos(\alpha-\beta) = \cos\alpha \cos\beta + \sin\alpha \sin\beta$$

태양중심설 구조 이후의 삼각법 활용

이러한 삼각법은 코페르니쿠스의 태양중심설 구조가 나타난 이후에도 활발하게 활용되었다. 가령, 지구에서 금성까지 거리를 구한다고 하자. 이 경우, 태양과 금성 그리고 지구가 직각을 이뤄 금성이 반달처럼 보일 때, 지구에서 태양까지 거리(a)를 알고, 태양과 금성 사이의 각(e)을 구하면, 지구와 금성 사이의 거리는 a×cos(e)가 된다.

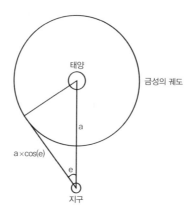

태양

금성의 궤도

a

a×cos(e)

e

지구

그림 5-3 지구에서 금성까지 거리를 구하는 도식

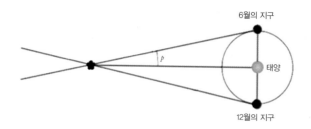

6월의 지구

p

태양

12월의 지구

그림 5-4 삼각법을 활용한, 별까지의 거리 계산 도식

수학 좀 해보려고 합니다

또한 삼각법을 활용하면 너무 멀리 있어서 늘 그 자리에 존재하는 것처럼 보이는 별까지의 거리도 구할 수 있다. 가령, 그림 5-4에서처럼 6월에 지구에서 특정한 별을 관찰하고, 이후 12월에 지구가 태양 반대편에 도달했을 때 다시 그 별을 관찰해 p값을 구한다. $\sin p$ = 지구에서 태양까지의 거리/지구에서 별까지의 거리. 따라서 지구에서 태양까지 거리를 알고 있으므로 지구에서 별까지 거리를 계산할 수 있다.

이런 방식으로 최대한 멀리 보이는 항성을 관찰하면, 지구에서 그 항성까지 거리를 통해 태양계 너머 우주의 크기를 짐작할 수 있다.

지형 측량에 응용된 삼각법

이렇듯 천문학에서 널리 사용하던 삼각법은 16세기에 이르러 지형 측량에도 활용되기 시작했다. 이 시기 민족의식이 성장하면서 동일한 언어를 사용하는 국가가 성장하자, 각국은 자국의 지형을 측량하고 국경이 표시된 지도 제작에 힘을 기울였다. 그때 유용한 기법이 바로 삼각 측량이었다.

네덜란드에서 고안한 이 방법은 비교적 가까운 두 지역을 직

그림 5-5 스위스의 금세공인이자 기계 제작자 레온하르트 주블러(Leonhard Zubler, 1565~약 1611)가 쓴 《새로운 기하학적 도구(Nova Instrumentum Geometricum)》(1607)의 삽화 이 책에서 주블러는 자신의 새로운 기계를 선보이며 그 기계를 이용한 삼각 측량을 소개한다. 그림 오른쪽에 서 있는 두 사람 사이를 연결하는 선분의 거리를 측정하고, 각자의 위치에서 왼쪽 산 위의 성 꼭 대기를 연결해 삼각형을 만들고 각도기로 각도를 재면, 산의 높이가 얼마나 높든 삼각법을 이용해 성 꼭대기까지의 거리를 계산할 수 있다.

수학 좀 해보려고 합니다

선으로 이어 거리를 측정한 뒤, 두 지역 각각에서 측량하고자하는 지역이 앞의 직선을 기준으로 몇 도로 기울어져 있는지측정하는 방식이다. 이럴 경우, 삼각형의 아랫변과 양 끝 각을아는 형태가 되는데, 중학교 수학 과정에 따르면 이런 조건일때에는 삼각형의 나머지 한 각과 세 변의 길이 모두를 구할 수있다.

이렇게 삼각형의 각과 변을 모두 구하는 것을 '삼각형을 푼다'고 이야기하는데, 삼각형을 풀기 위해서는 앞의 조건 외에도 두변과 사잇각을 아는 경우와 세 각을 모두 아는 경우가 있다. 이렇듯 세 지점을 이어 가상의 삼각형을 만들고, 그중 일부 각과변의 길이를 구할 수 있다면, 위의 조건에 따라 측정하기 어려운지점 간의 거리를 쉽게 구할 수 있다. 따라서 거리를 재기 힘든강이나 바다 그리고 산꼭대기의 경우에도 가상의 삼각형만 잘그리면, 직접 걸어서 재지 않더라도 두 지점 사이의 거리를 구하는 것이 가능해진다.

이렇듯 삼각 측량 기법의 유용성이 알려지면서, 각국은 이를활용해 다양한 영토를 측량하고 지도를 개선하기 시작했다. 초기 삼각 측량 기술은 네덜란드 수학자들에 의해 개발된 뒤 덴마크와 독일 지역에 적용되었다. 그러나 정부의 지원 아래 국토 전역을 탐사하고 지도로 제작한 곳은 프랑스였다. 여기서는 카시

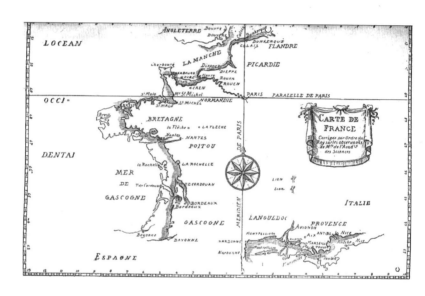

그림 5-6 프랑스 최초로 삼각 측량을 이용해 제작한 지도 프랑스는 카시니 가문의 지원 아래 정밀한 지도를 완성했다. 그러나 그 결과 이전까지 프랑스 영토로 알려졌던 해안선이 안으로 들어가면서(진한 선이 카시니의 해안선) 프랑스의 영토가 줄어드는 일이 벌어지기도 했다.

수학 좀 해보려고 합니다

니Cassini 가문의 지원 아래 방대한 국토 정밀 측량 사업이 진행되었는데, 이는 1756년부터 1815년까지 출판된 프랑스 지도의 완성으로 이어졌다.

삼각형에서 벗어난 삼각함수

삼각법을 천문 계산 및 지형 측량에 사용할 즈음, 삼각함수는 포의 운동이나 진자 운동 같은 새로운 곡선 운동의 연구에도 활용되기 시작했다. 또한 목관 악기나 건반 악기, 오르간 등의 악기가 내는 음의 진동에 대해 연구하는 과정에서 더욱 심화된 삼각함수 연구가 발전했다. 그러면서 $\sin x$와 $\cos y$는 x나 y 같은 변수처럼 대수적인 방식으로 사용되기에 이르렀다.

이러한 과정을 통해 삼각함수는 삼각형에 관한 연관성에서 벗어나기 시작했다. 가령, 레온하르트 오일러Leonhard Euler(1707~1783)가 자신의 책에서 소개한 $e^{ix} = \cos x + i \sin x$라는 식은 삼각함수의 결합을 통해 실수 영역은 물론이고 복소수 영역까지도 포괄할 수 있음을 보여주었다.

또한 이후 현의 진동과 파동에 대한 연구 과정에서, 조제프 푸리에Joseph Fourier(1768~1830)는 함수의 값이 주어진 주간에서 주기적으로 변화하는 경우 아래의 도식처럼 대부분 삼각함수의 급수로 표현될 수 있음을 증명했다. 모든 종류의 주기적 현상을 연구하는 데 사인과 코사인 함수가 필수적인 것으로 등장한 것이다.

$$f(x) = a_0 + a_1\cos x + a_2\cos 2x + a_3\cos 3x + \cdots b_1\sin x + b_2\sin 2x + b_3\sin 3x + \cdots$$
$$= a_0 + \sum_{n=1}^{\infty}(a_n\cos nx + b_n\sin nx)$$

시대의 흐름과 함께 변화하는 수학

삼각함수는 처음 천문학의 필요에 의해 개발되었다. 그러나 시대적 요구와 수학적 기법의 발전 속에서 삼각함수는 새로운 분야에 활용되기 시작했고, 새로운 형식과 의미를 지니기에 이르렀다.

흔히 수학을 너무나 확실해 보이는 나머지 변하지 않고 고정된 분야라고 생각하기 쉽다. 그러나 수학은 시대의 흐름과 함께 변화하고 발전해왔다. 15세기 학자가 삼각함수를 보았다면 천문학에 응용되는 기법이라고 생각했을 것이다. 그러나 21세기의 삼각함수는 물리학과 공학, 건축, 그래픽 등 그 활용 범위가 어마어마하다.

수학 좀 해보려고 합니다

수학은 계속해서 발전하고 있다. 그러나 이전 것을 제대로 이해하지 못한 상태에서 새로운 진전은 이루어내기 힘들다. 중·고등학교 교육 과정을 통해 이전 연구에 대한 완전한 이해를 얻을 때, 새로운 발전은 바로 그곳에서 시작될 수 있을 것이다.

6장

실용 계산에서 탄생한 방정식 이론

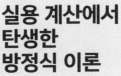

방정식은
왜 만들어졌을까?

중학교에 다니면서 다양한 1·2차 방정식을 풀었던 기억이 있을 것이다. 그러다가 고등학교에 들어가서는 3차 이상의 방정식도 접했을 것이다.

그렇다면 어른이 된 성인들은 2차 방정식의 근의 공식을 기억하고 있을까? 2차 방정식의 근의 공식은 쉽게 기억하고 있을지도 모르겠다. 그 시절 워낙 열심히 외워야 했으니까. 그렇다면 3차 방정식의 근은 어떤가? 이쯤 되면 방정식을 왜 공부해야 하는지 궁금할지도 모르겠다.

중·고등학교 시절 우리를 괴롭혔던 방정식 문제를 이해하기 위해서는 수학의 역사를 살펴볼 필요가 있다.

미지수 x·y 값 구하기

우리는 1차 방정식 문제를 매일같이 접하고 있다. 예를 들어 '아침 8시 반까지 출근인데, 지금이 7시 10분이면 출근까지 몇 시간 남은 걸까?'라는 생각을 한다고 하자. 남은 시간을 x라고 하면, '7시 10분$+x=$8시 30분'이라는 1차 방정식 문제를 풀고 있는 것이다. 따라서 1차 방정식을 의미하는 문제는 이미 고대 이집트나 바빌로니아 문명에 존재했다. 다만 그것이 현대 방정식 이론과 다른 점이 있다면, 지금처럼 문자나 기호를 사용하지 않았다는 정도일 것이다.

그런데 2차 방정식으로 넘어가면 이야기가 조금 달라진다. 일상생활을 하면서 2차 방정식을 사용하는 경우가 드물기 때문이다. 그렇다고 2차 방정식 이상의 고차 방정식 개념이 고대에 존재하지 않았던 것은 아니다. 다만 풀이 방법이 지금과 약간 달랐고, 천문학이나 기하학 연구와 연관된 경우가 많았을 뿐이다.

가령, 원에 내접한 정오각형의 대각선 길이를 구한다고 해보자. 고대 그리스의 천문학자 프톨레마이오스는 행성이 지나간 거리 등을 계산하기 위해 행성 궤도인 원에 내접하는 선분의 길이를 구하는 경우가 많았다. 예컨대 원을 정확하게 다섯 등분해

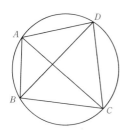 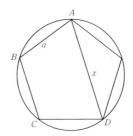

그림 6-1 원에 내접한 선분의 길이를 구하는 도식

서 정오각형을 내접시킨다고 할 때, 정오각형의 한 변의 길이를 알면, '프톨레마이오스의 정리'를 통해 대각선의 길이를 구하는 것이 가능하다. '프톨레마이오스의 정리'에서는 그림 6-1에서처럼 $\overline{AC} \times \overline{BD} = \overline{AB} \times \overline{CD} + \overline{BC} \times \overline{AD}$가 성립하므로, 선분 AB를 a라 하고, 대각선 AD를 x라 하면, $x^2 = a^2 + ax$가 되어 대각선 길이 x에 대한 2차 방정식이 만들어진다. 이러한 기하학적 방정식 풀이는 유클리드의 《기하학 원론》에서도 그대로 이어진다.

그런데 기하학적으로 논의되던 방정식 연구는 3세기 알렉산드리아의 디오판토스Diophantos of Alexandria(약 200~약 284)에 이르러 현대의 방정식 연구와 한층 비슷해지기 시작했다. 디오판토스는 자신의 책 《산학Arithmetica》에서 단어를 축약해 기호로 표현하고,

대수적인 방식으로 방정식을 풀이했다. 가령 현대적인 표기법으로 생각할 때, $x+y=10$이고, $x^2+y^2=68$인 x, y를 구한다고 하자. 이때 디오판토스는 x, y를 각각 $5+z$, $5-z$로 놓는다. 이럴 경우 각각을 제곱해서 더하면 $50+2z^2=68$이 되고, 양의 정수인 z를 구하면 3이 나온다. 디오판토스의 방식을 $x+y=a$, $x^2+y^2=b$인 경우로 확장하면, 현대식 기호로 쓸 때 $x=\frac{a}{2}+\frac{\sqrt{2b-a^2}}{2}$, $y=\frac{a}{2}-\frac{\sqrt{2b-a^2}}{2}$과 같은 방식으로 일반해를 구할 수 있다. 디오판토스의 연구와 함께 헬레니즘 세계에는 대수적인 방정식 풀이가 서서히 알려지기 시작했다. 이후 디오판토스의 《산학》은 유클리드의 《기하학 원론》 등과 함께 아랍어로 번역되어 아랍 학자들의 대수학 연구에도 영향을 미쳤다.

한편 아랍에서는 인도 수학자들의 연구 역시 소개되었다. 인도에서는 행성 궤도의 주기를 연구하며 방정식을 푸는 경우가 많았다. 7세기 인도의 천문학자이자 수학자 브라마굽타^{Brahmagupta} (598~668)는 이 과정에서 2차 방정식 $ax^2+bx=c$의 한 근을 구하는 방법을 설명했다. 그는 한 근이 현대의 방식으로 표기할 때 $x=\frac{\sqrt{4ac+b^2}-b}{2a}$라고 보았는데, 음수와 무리수가 나오는 경우에도 해로 인정했다. 그뿐만 아니라 $ax^2 \pm c=y^2$ 형태의 2차 방정식에 대해서도 해를 제시했다.

이러한 그리스 수학과 인도 수학의 영향 속에서 이후 아랍 수학자들은 대수학 연구를 발전시켰다. 수학과 천문학 등을 연구했던 알콰리즈미Muḥammad ibn Mūsā al-Khwārizmī(약 780~약 850)의 《대수학》(830)은 대표적인 성과였다. 그는 이 책에서 인도에서 도입한 수와 0을 이용해 십진법으로 사칙연산을 정의하고, 더 나아가 다양한 유형의 방정식 풀이 방법을 정리했다. 그는 2차 방정식을 총 다섯 가지 유형($ax^2=bx$; $ax^2=c$; $ax^2+bx=c$; $ax^2+c=bx$; $ax^2=bx+c$)으로 나눠 계산법을 증명했다. 편리한 수 체계와 계산 방법을 담은 알콰리즈미의 책은 아랍 세계에 널리 받아들여졌다.

이후 아랍에서는 오마르 카얌Omar Khayyam(1048~1131) 같은 수학자에 의해 대수학 연구가 더욱 발전했다. 수학자이자 천문학자이던 카얌은 연구 과정에서 3차 방정식 해법을 발견했고, 이를 열네 가지 유형으로 나누어 기하학적으로 증명했다. 가령, $x^3+200x=20x^2+2000$과 같은 3차 방정식을 카얌은 $(x-15)^2+y^2=25$라는 원과 $y=\frac{\sqrt{200}(x-10)}{x}$인 쌍곡선의 교점을 통해 구했다. 카얌은 대수학이 길이나 넓이, 부피 그리고 무게 같은 물리적인 양을 다루는 데 유용한 실용적 분야라고 생각했다.

복잡한 계산이 필요한 상거래

아랍에서 다양한 학자들에 의해 수준 높은 대수학 연구가 발전하는 동안, 서유럽에서는 여전히 로마 숫자 시스템과 유클리드 기하학 정도만 다루고 있었다.

이런 가운데 서유럽에서 상업과 무역이 크게 발전하면서 복잡한 계산이 늘어나자 로마 숫자와 기하학적 증명을 사용하는 일은 점점 더 불편해지기 시작했다. 가령, 로마 숫자 체계에서는 1, 5, 10, 50, 100, 500, 1000을 각각 I, V, X, L, C, D, M으로 표기했다. 예컨대 MDCLXVI라고 표기한 숫자를 우리가 현재 사용하고 있는 인도 아라비아 숫자로 바꾸면 1000+500+100+50+10+5+1=1666이 된다. 너무 번거로웠다. 또한 유클리드의 《기하학 원론》속 기하학적 증명은 실용적인 계산에 큰 도움이 되지 않았다.

이런 상황에서 레오나르도 피보나치Leonardo Fibonacci(약 1175~약 1250)는 인도 아라비아 숫자 체계와 대수적 연산 방법을 서유럽에 소개했다. 피보나치는 무역이 활발한 피사 공화국에서 무역과 세무를 담당하던 아버지를 따라 이집트, 시리아, 그리스 등지를 여행하며 아랍 산술과 대수학을 접했다. 그에게 아랍 세계가 채택하고 있던 십진법의 인도 아라비아 숫자는 로마 숫자에 비

수학 좀 해보려고 합니다

그림 6-2 그레고르 라이쉬(Gregor Reisch, 1467~1525)의 《지혜의 진주(Philosophical pearl)》(약 1504) 속 '산술의 은유적 표현' 삽화 그림 왼쪽에는 인도 아라비아 숫자를 써서 《수론》을 집필한 로마의 저술가 보에티우스가 숫자와 기호를 사용해 계산하고, 오른쪽에는 고대 그리스의 철학자 이자 수학자 피타고라스가 주판을 사용해 계산하고 있다. 이 그림은 여신이 보에티우스와 피타 고라스의 대결을 지켜보고 있는 것으로, 당시 산술 분야에서 두 가지 방식의 계산 방법이 경쟁 하고 있었음을 보여준다.

해 훨씬 효율적으로 보였다.

더욱이 당시는 다양한 상거래 문제를 위해 복잡한 계산이 필요했다. 피보나치는 《계산책Liber Abaci》(1202)에서 바로 그런 실용적인 문제를 위한 새로운 계산법을 소개했다. 그는 이자율을 알때 이자 계산을 어떻게 하는지, 환율에 따라 통화 환전은 어떻게 하는지 등 실용적인 문제에 관한 계산 방법을 자세히 설명했다. 피보나치의 《계산책》은 상인 같은 평범한 이들도 알아들을 수 있게 쓴 실용 서적이었다. 말년에 피보나치는 피사 공화국 정부의 재정 및 회계 업무를 맡았는데, 이는 피사 정부가 그의 계산 능력을 높이 샀음을 보여준다. 《계산책》은 중세 서유럽에서 출판한 수학서 가운데 가장 중요한 책 중 하나로, 이 책의 계산 방식은 이후 상업과 무역이 발전하던 서유럽 사회에 널리 영향을 미쳤다.

유럽 경제가 성장하고 무역이 확대되면서 효율적인 실용 계산의 필요는 더욱 증가했다. 중세에는 물품 거래가 이루어지고 있었으므로 상대적으로 계산이 간단했다. 그러나 르네상스기에 이르러 화폐 경제가 성장하면서 복잡한 계산이 늘어났다. 가령, 이 시기에는 도시가 발전하면서 세금을 정확하게 계산하는 것이 중요한 문제로 대두했다. 이 문제는 상당히 까다로웠다. 예컨대 포도주의 경우, 양과 품질 그리고 통의 크기와 모양 등이 서로 달

수학 좀 해보려고 합니다

그림 6-3 마리누스 판 레이메르스발러(Marinus van Reymerswaele, 약 1490~약 1546), **'환전상과 그의 아내**(The moneychanger and his wife)'(1539) 이 그림을 그릴 당시 네덜란드는 유럽 무역 및 상업의 중심지로 부상했다. 그 결과 이 시기 네덜란드에는 영국·이탈리아·프랑스 등 각국의 상인이 몰려들었고, 각국의 화폐를 교환해주기 위한 환전상이 늘어났다. 비슷한 시기에 활동했던 네덜란드 화가 쿠엔틴 마시스나 렘브란트 같은 이들도 환전상을 주제로 그렸는데, 이는 이 시기 네덜란드의 상황을 잘 보여준다.

랐다. 만약 한 가게에서 거래한 포도주에 대해 세금을 물리려 하면, 거래된 양을 정확하게 계산하는 것은 물론이고 품질과 가격 등을 고려해 세금을 공정하게 부과해야 했다. 포도주를 거래하는 곳이 한두 군데가 아닌 상황에서, 각기 다른 통을 사용하고 다양한 품질과 가격을 지닌 포도주 가게에 공평한 세금을 물리는 것은 쉬운 일이 아니었다.

무역이 발달하면서 상인들 간의 교환 문제 역시 복잡해졌다. 르네상스기를 통해 상업과 무역이 활발해지고 있었으나 도시와 나라마다 통화 시스템이 서로 달랐다. 이런 상황에서 각기 다른 통화 시스템에 적응하는 것은 무역상들에게 골칫덩어리였다. 우선 다른 지역의 화폐와 교환하기 위해서는 각각의 화폐에 쓰인 귀금속의 무게와 순도 등을 고려해서 환율을 계산해야 했다. 어렵게 환율 계산을 해도 이것이 고정되지 않고 계속해서 변화했다. 상품을 지급한 날과 돈을 받는 날의 환율이 다를 경우, 복잡한 계산을 거쳐야 했다.

또한 거래량이 많은 대상인의 경우에는 매번 환율을 계산해 현금을 지급하는 것이 번거로운 일이었으므로, 어음을 사용하는 신용 거래를 선호했다. 그러면서 어음을 현금으로 바꿔주는 시장도 생겼다. 그런데 신용 거래를 위해서는 그날의 환율과 어음 만기일 등을 고려해 복잡한 계산을 해야 했다.

수학 좀 해보려고 합니다

이 외에도 금융 시장이 형성되면서 이자 계산 문제가 중요하게 대두했다. 가령, 이자를 계산하는 방법도 단리와 복리의 경우가 달랐고, 매달 일정액을 갚는 경우와 한꺼번에 갚는 경우의 이자가 달랐다. 꼼꼼한 회계 관리나 장부 정리 없이는 원활한 사업이 힘들었다.

세금 계산과 수학의 필요성

이런 상황에서 수학 계산에 능숙한 부기 계원이나 회계원은 각 나라와 도시의 정부나 무역상에게 없어서는 안 될 존재였다. 그러나 이들의 계산 능력은 동일하지 않았다. 문제가 너무 복잡했기 때문이다. 가령, 복리 이자로 갚아야 할 만기 금액을 계산할 경우, 곧바로 고차 방정식 문제에 맞닥뜨릴 수밖에 없었다. 이 시기 공개 수학 대결이 잦았던 것은 바로 그래서였다. 실용 수학자들은 자신의 수학 계산 실력을 뽐내기 위해 공개 석상에서 상대방에게 수학 문제를 내고 더 많은 문제를 푸는 대결을 진행했다. 특히 이 시기에는 상인 자녀들을 위해 실용 수학을 가르치는 학교가 늘어났는데, 학교 수학 선생들은 자신의 실력을 뽐내기 위해 수학 대결에 자주 나섰다. 뛰어난 계산 능력이 입증될 경우, 보수가 오르거나 더 좋은 보수를 받는 곳으로 이동할 수 있었기 때문이다.

니콜로 타르탈리아Niccolò Fontana Tartaglia(1499~1557) 역시 수학 대결에 자주 나섰는데, 그가 관심을 가진 것은 교환 문제였다. 그가 쓴 《수와 계측에 대한 일반론General Trattato di Numeri et Misure》(1556)에서 다룬 것도 이탈리아 도시들 사이의 환율 문제였다. 타르탈리아는 다양한 수학 계산법을 연구하면서 $x^3+ax^2=b$ 형태의 일반해를 터득했다. 그런데 실용 산술서를 쓰고 있던 지롤라모 카르다노Girolamo Cardano(1501~1576)는 타르탈리아가 $x^3+ax^2=b$ 형태의 3차 방정식 풀이를 안다는 사실을 듣고 그에게 접근해 정보를 수집했다. 이후 카르다노는 《위대한 기술Ars magna》(1545)이라는 책을 출판하면서 타르탈리아의 3차 방정식 해법을 공개했다. 이를 본 타르탈리아가 카르다노를 공개적으로 비난하면서 논쟁이 커졌던 것은 당시 고차 방정식 풀이법이 실용 수학자들에게 얼마나 중요한 자원이었는지를 잘 보여준다.

이처럼 역사적으로 방정식 풀이는 실용 계산의 목적에서 발전했다. 그들은 행성 운동을 연구하면서, 혹은 환율과 이자를 계산하고 신용장과 환어음을 만들면서 방정식 이론을 발전시켜나갔다. 이 과정에서 음수나 무리수 그리고 복소수 문제가 제기된 것은 자연스러운 일이었다. 방정식 연구가 결국엔 이후 함수와 미

수학 좀 해보려고 합니다

적분 연구로 이어졌음을 감안하면, 실용적인 필요가 수학 발전의 중요한 원동력이었음을 깨닫게 된다.

중·고등학교 시절에는 교과서에서 배우는 수학이 어떻게 생겨났고, 왜 배우는지 이해하기 힘들 것이다. 그러나 수학이 다양한 사회적·학문적 필요 속에서 개발되었으며, 이후 새로운 발전으로 이어졌음을 기억한다면, 인내하기가 조금은 더 편해질지도 모르겠다.

7장

2차 곡선의
활용

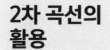

'2차 곡선'은
왜 공부하는 걸까?

중학교에 들어가면 먼저 원과 직선에 대해 배운다. 그런데 고등학교 고학년에 접어들면 2차 곡선이라고 부르는 타원과 쌍곡선 등을 만나게 된다. 타원과 쌍곡선에 관한 문제는 함수는 물론이고 이후 미분, 적분 단원까지도 계속해서 등장한다. 그렇다면 복잡한 이 곡선은 왜 배우는 걸까? 이 곡선의 탄생은 고대 그리스로 거슬러 올라간다.

원뿔을 자르는 방식으로 2차 곡선 정의

타원, 포물선, 쌍곡선 같은 2차 곡선은 고대 그리스의 수학자 아

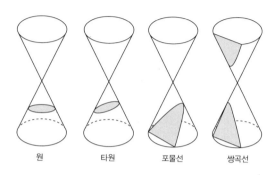

| 원 | 타원 | 포물선 | 쌍곡선 |

그림 7-1 아폴로니우스의 2차 곡선

폴로니우스Apollonius of Perga(262~190 BC)의 《원뿔 곡선론Conics》(약 225 BC)에서 처음 체계적으로 정리되었다. 아폴로니우스는 이 책에서 유클리드를 포함한 이전 수학자들의 2차 곡선 연구를 정리하고, 여기에 자신의 독창적인 연구 성과를 덧붙였다. 총 여덟 권으로 이뤄진 이 책에는 2차 곡선에 대한 명제가 400여 개나 실려 있다. 5권부터는 완전히 독창적이며 매우 수준 높은 연구가 담겨 있는데, 이는 2차 곡선에 대한 방대한 성과라 할 것이다.

아폴로니우스는 이 책에서 2차 곡선을 이전과는 달리 이중 원뿔 구조를 이용해 통일적으로 정의했다. 그는 먼저 직원뿔 두 개를 서로 마주 보도록 놓은 후, 바닥 면과 일정한 각도를 이루는 평면으로 원뿔을 절단했다. 그런 다음 절단되면서 원뿔 겉면에 생긴 곡선을 각각 원, 타원, 포물선, 쌍곡선으로 정의했다.

고딕 건축물의 아치

그런데 이러한 2차 곡선에 대한 연구는 이후 중세 서유럽에서는 제대로 관심을 끌지 못했다. 아폴로니우스의 《원뿔 곡선론》은 13세기 후반부터 일부를 라틴어로 번역하기 시작했지만, 본격적인 번역 작업은 16세기에 이르러서야 진행되었다. 사실 이 시기에는 원이 곡선 운동을 지배하고 있었다. 중세 서유럽을 대표했던 아리스토텔레스의 우주론에 따르면, 세계는 달 아래의 지상계와 달을 포함해 그 위쪽 우주를 포괄하는 천상계로 뚜렷이 구분되어 있었다. 이때 지상계는 불완전하므로 기하학적 운동으로 설명하기 힘든 곳이라 여겨졌다. 반면, 천상계는 완벽한 곳으로, 오로지 완전한 기하학적 운동으로만 설명할 수 있었다. 그리고 이러한 천상계의 운동은 그 완벽함에 어울리는 등속 원운동으로만 국한되었다. 고대 그리스의 천문학자들은 등속 원운동만으로 복잡한 천상계 행성의 운동을 설명해내기 위해 고군분투해야 했다.

그림 7-2 예수를 둘러싼 아몬드 모양의 베시카 피시스 1200년경 웨스트민스터 사원에 장식된 그림.

수학 좀 해보려고 합니다

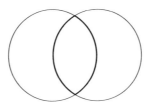

그림 7-3 두 원을 겹치면 가운데에 베시카 피시스가 만들어진다.

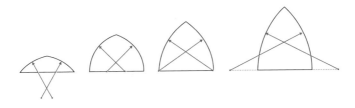

그림 7-4 빨간 선분을 반지름으로 잡아 양쪽에서 컴퍼스로 각각 원을 그려나가면 그림처럼 다양한 기울기의 아치가 만들어진다.

이러한 원은 지상에 세운 건축물의 설계나 장식 등에도 적용되었다. 이는 중세 서유럽의 독특한 고딕 건축 양식에서도 잘 드러난다. 고딕 건축물의 아치를 이루는 곡선이나 스테인드글라스 위의 곡선, 그리고 '베시카 피시스Vesica Piscis'라는 독특한 장식 문양의 곡선은 언뜻 원과는 다른 곡선처럼 보인다. 하지만 이는 모두 두 원을 겹쳐 만든 곡선이다. 이에 반해 중세 동안 타원이나 쌍곡선 같은 곡선을 활용하는 분야는 없었다. 서유럽 대학에서의 기하학 연구는 유클리드의 《기하학 원론》 앞부분에 머물러 있었고, 고등 수학에 해당하는 아폴로니우스의 2차 곡선에 대한 연구는 관심을 끌지 못했다.

대포 포환이 그리는 2차 곡선

그런데 르네상스를 지나면서 2차 곡선에 대한 관심이 서서히 증가하기 시작했다. 그것은 지상계의 운동 역시 수학적으로 이해할 수 있다는 믿음에서 비롯되었다. 갈릴레오 갈릴레이Galileo Galilei (1564~1642)는 그 대표적인 인물이었다. 갈릴레오는 지상에서의 운동을 연구하면서 시간·속도·거리 등을 구체적으로 기술하고, 그것들 사이의 수학적 관계를 파악하기 시작했다. 그는 아리스토텔레스 같은 인물이 운동은 왜 일어나는가에 주목했던 것과 달리, 운동이 어떤 방식으로 그리고 어떤 형태로 일어나는지에 주목했다. 이 과정에서 '물체의 낙하 거리는 시간의 제곱에 비례한다'는 운동의 수학적 법칙을 유도하기도 했다.

물체의 낙하 운동 법칙을 유도한 갈릴레오는 코페르니쿠스의

수학 좀 해보려고 합니다

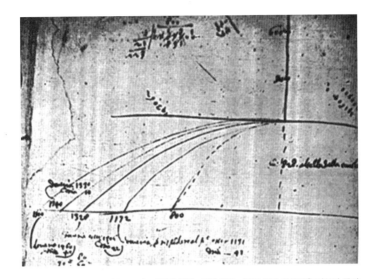

그림 7-5 갈릴레오의 실험 노트 속 경사면 실험 갈릴레오는 책상 위에 경사면을 만들어 공이 등가속도로 움직이게 한 다음, 경사면을 거쳐 책상 아래로 떨어지는 공의 궤적을 조사했다. 갈릴레오는 이 실험을 통해 투사체의 궤도가 포물선임을 확인했다.

우주 구조를 받아들이면서 새로운 질문을 하기 시작했다. 만약 지구가 돈다면, 높은 탑에서 공이 떨어지는 동안 지구가 움직임에도 불구하고, 왜 공은 탑 바로 아래로 떨어지는가 하는 문제였다. 이에 대해 갈릴레오는 지상의 물체는 지구가 지닌 원운동을 하고 있기 때문에 수직 방향으로 낙하하는 동안 동시에 수평 방향의 등속 운동을 계속하므로 탑 바로 아래에 떨어지는 것이라

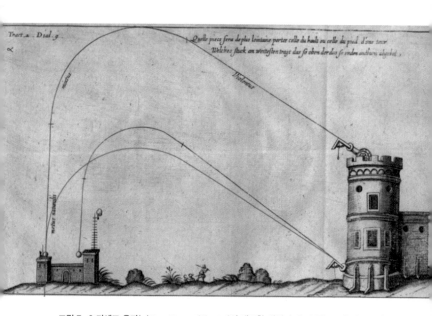

그림 7-6 디에고 우파노(Diego Ufano, 미상~1613)의 대포학 서적 속에 나오는 포의 궤도 곡선 그림(1612년 출판, 1628년 판 삽화)

수학 좀 해보려고 합니다

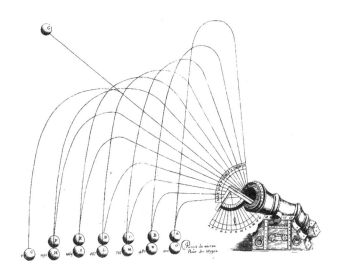

그림 7-7 디에고 우파노의 대포학 서적 속에 나오는 포의 궤도 곡선 그림(1612년 출판, 1628년 판 삽화)

고 설명했다.

갈릴레오는 이러한 운동의 결합을 발사되는 탄환의 운동에도 적용했다. 그는 대포에서 발사된 탄환의 운동을 수평 방향의 등속 운동과 수직 방향의 낙하 운동으로 분해했다. 그리고 두 운동의 결합을 통해 탄환이 포물선을 그리며 운동함을 유도했다.

16~17세기 동안에는 포수들을 위한 매뉴얼이나 대포학 서적 등의 출판이 크게 늘어났다. 타르탈리아 역시 갈릴레오에 앞서

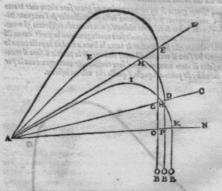

그림 7-8 타르탈리아의 《새로운 지식(La Nova Scientia)》(1537) 속 삽화 타르탈리아는 대포에서 어떤 각도로 탄환을 쏠 때 가장 멀리 나아가는지 연구한 후 이 그림과 같이 탄환의 곡선 궤도를 설명했다. 그에 따르면, 탄환이 움직이는 곡선 궤도는 대포를 기울인 각도로 날아가는 직선 운동과 원운동, 그리고 아래 방향의 직선 운동의 결합으로 만들어진다.

수학 좀 해보려고 합니다

그림 7-9 타르탈리아의 《새로운 지식》 속 권두화 타르탈리아는 포환의 궤도를 이 그림 속 곡선과 다르게 설명했지만, 삽화를 그린 화가는 대포 탄환의 궤적을 우연히도 포물선으로 정확하게 묘사했다.

대포 탄환의 곡선 궤도를 연구한 수학자였다. 그는 대포를 어떤 각도로 기울일 때 탄환이 가장 멀리 나아가는지 계산했다. 그에 따르면, 탄환이 움직이는 곡선 궤도는 대포를 기울인 각도로 날아가는 직선 운동과 아래 방향의 직선 낙하 운동의 결합으로 만들어졌다. 비록 구체적인 계산 과정에서 실수를 해 그로부터 얻은 곡선 궤도는 잘못된 것이었지만, 대포 기술과 관련해 운동의 기하학적 궤적을 연구한 것은 이전 시기에는 존재하지 않던 새로운 경향이었다. 새로운 곡선에 대한 관심은 자연스럽게 증가했다.

천체 운동과 망원경 렌즈 곡률

지상에서의 다양한 운동을 2차 곡선을 통해 기하학적으로 설명하는 동안, 천체 운동 역시 케플러를 통해 2차 곡선으로 연구되기 시작했다. 그라츠 대학의 수학 및 도덕 교수이던 케플러는 16세기 말까지는 원 궤도를 통해 행성 운동을 설명했다. 《우주의 신비Mysterium Cosmographicum》(1596)에서 행성의 원 궤도와 그에 외접하는 정다면체 우주 구조를 제시한 것이 대표적이다.

새로운 발견에 고무된 그는 이후 자신의 천체 구조를 검증하기 위해 당시 유럽에서 가장 우수한 천문 관측 자료를 지니고 있었던 튀코 브라헤의 조수로 들어갔다. 신성로마제국의 왕실 천문학자이던 튀코가 1년 후 갑자기 죽자 케플러는 튀코의 지위와 함께 그의 천문 관측 자료를 그대로 이어받았다. 이와 함께 튀코의 관측 자료에 기반을 두고 원으로 행성 운동을 설명하는 작업이 이뤄졌다. 그러나 원 궤도로는 도저히 관측 자료의 오차를 줄일 수 없자, 케플러는 과감히 원 궤도를 버리고 2차 곡선의 하나인 타원 궤도를 적용했다. 이는 성공적이었다. 케플러는 타원 궤도를 토대로 행성 운동의 세 가지 법칙을 발견했다. 이후 케플러의 타원 궤도 운동은 뉴턴의 기하학적 증명을 통해 정확함이 확인되었다. 가장 중요한 곡선은 원이 아닌 타원이었다.

한편, 케플러가 튀코 브라헤의 천체 관측 자료에 맞춰 천체 운동의 기하학적 곡선 궤도를 고안할 즈음, 갈릴레오는 망원경을 개발해 하늘을 직접 관찰했다. 그는 1609년 멀리 있는 물체를 가까이 있는 것처럼 확대하는 렌즈에 대한 소식을 접한 뒤, 볼록렌즈 하나와 오목렌즈 하나로 이루어진 망원경을 개발했다. 이후 망원경을 들어 올려 천체를 관측하면서 갈릴레오는 달의 크레이터나 태양의 흑점 그리고 목성의 위성 같은, 기존의 우주론을 반박하는 증거를 얻을 수 있었다.

갈릴레오의 망원경 소식은 천문학자들을 열광시켰고, 그 망원경의 단점을 보완하는 더 나은 망원경 개발을 부추겼다. 그 과정에서 넬이나 케플러, 데카르트, 비커만 등은 렌즈의 곡면을 쌍곡면과 타원면 등을 이용해 개량하며 기하학적으로 설명해나갔다. 2차 곡선의 유용성은 렌즈 제작에서도 돋보였다.

자연을 수학적으로 묘사하는 데 유용한 도구

17세기에 이르면, 원 이외의 다양한 곡선 궤도를 연구하는 것이 수학자들의 중요한 관심사가 되었다. 대포와 총의 탄환 운동을 설명하기 위해서는 포물선 운동을 이해해야 했다. 행성과 혜성 그리고 유성의 궤도를 설명하기 위해서는 타원 궤도에 더해 포물선과 쌍곡선 궤도를 연구하는 것이 필요했다. 또한 망원경과 현미경 등의 렌즈 곡률을 설명하는 데는 타원, 쌍곡선, 포물선 등이 활용되었다. 자연을 수학적으로 더욱 정확하게 기술하고자 했을 때 2차 곡선은 무엇보다도 유용한 도구가 되었다. 시간이 흐르면서 2차 곡선을 활용한 분야는 더욱더 확대되었고, 2차 곡선 이외의 새로운 곡선에 대한 연구 역시 활발해졌다.

2차 곡선에 대해 이해하는 것은 더욱 복잡한 곡선 연구를 위해 전제해야 할 과제다. 방정식을 배우면서도, 함수나 미적분을 배우면서도 계속해서 2차 곡선이 등장하기 때문이다. 아폴로니우스는 자신이 연구한 2차 곡선이 이렇게나 다양한 분야에 활용되리라는 걸 짐작하지 못했을 것이다. 언뜻 아무런 소용도 없어 보이는 수학을 강조하는 것은 바로 이래서다.

8장

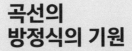

곡선의
방정식의 기원

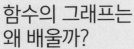

함수의 그래프는
왜 배울까?

중·고등학교 때 모눈종이를 사용해 함수의 그래프를 그려본 기억이 있을 것이다. 요즘 학생들도 중 1때부터 1차 함수의 그래프를 배운다. 그리고 고등학교에 들어가서는 도형의 방정식이나 2차 함수의 그래프를 열심히 공부한다. 그때 함수의 그래프가 어떤 중요한 의미를 지니는지 깨닫고 공부하는 학생은 거의 없을 것이다.

그러나 이는 수학의 발전 과정에서 무엇보다도 중요하고 혁명적인 사건이었다. 이 문제를 이해하기 위해서는 근대 서유럽의 가장 중요한 철학자 중 한 사람인 르네 데카르트^{Rene Descartes}(1596~1650)의 고민을 들여다볼 필요가 있다.

데카르트의 고민

데카르트가 살았던 시기의 서유럽은 극도로 불확실하고 불안정했다. 16세기 초에 시작된 가톨릭과 개신교 간의 갈등은 17세기에 더욱 심화되었다. 가령, 1610년 프랑스에서는 가톨릭과 개신교 사이의 갈등을 완화하고 종교에 대한 관용을 주장하던 앙리 4세가 광신 가톨릭교도에 의해 살해되었다.

종교적 관용은 불가능한 것처럼 보였다. 각지에서 앙리 4세의 장례식이 거행되었는데, 데카르트가 다니던 라플레슈La Flèche라는 저명한 예수회 학교 역시 마찬가지였다. 각 교단이 서로 자신의 교리가 가장 확실하다고 주장했으나, 어느 누구도 무엇이 확실한 진리인지 확신할 수 없었다.

데카르트가 20대에 들어선 즈음 서유럽에서는 최초의 세계대전이라고까지 일컫는 '30년 전쟁'(1618~1648)이 일어났다. 데카르트는 네덜란드로 건너가 여러 군주에게 봉사하면서 30년 전쟁의 참혹상을 지켜봤다. 세상을 경험하는 것만으로는 참된 진리에 이르기에 부족해 보였다. 1630년대 초, 30년 전쟁의 와중에 데카르트는 네덜란드에 정착해 깊은 사색을 하며 《인간론L'Homme》(1662)과 《세계Le Monde》(1664)를 집필했다.

그런데 출판을 앞두고 있을 때, 저명한 과학자 갈릴레오의

수학 좀 해보려고 합니다

그림 8-1 네덜란드 화가 세바스티안 브랑스(Sebastian Vrancx, 1573~1647), '보멜험(Wommelgem) 에서의 약탈'(1625~1630) 30년 전쟁은 용병들로 치러진 전쟁이었다. 전쟁이 장기화하면서 적절한 임금을 지불하지 못하자, 용병들의 약탈은 상황을 더욱 악화시켰다.

종교 재판 소식을 접했다. 서유럽에서 가장 저명한 학자 중 한 명인 갈릴레오가 자신이 펴낸 책 때문에 재판을 받는다면, 데카르트 역시 안전할 리 없었다. 결국 《인간론》과 《세계》는 데카르트 사후에 출판되었다. 더욱이 이 시기 서유럽에서는 피론주의Pyrrhonism라는 극단적 회의론이 유행하고 있었다. 고대의 극단적 회의론이 17세기 초에 다시 유행한 것인데, 진리도 참된 지

그림 8-2 데카르트

식도 존재하지 않는다는 피론주의의 주장은 불확실성의 시대에
잘 어울렸다.

진리를 탐구하기 위한 새로운 방법

바로 이런 상황에서 데카르트는 절대 확실하고 참된 진리를 통
해 회의론에 정면으로 맞서고자 했다. 이를 위해 그는 체계적 의
심의 방법을 통해 조금이라도 의심의 여지가 있거나 논쟁적인
지식은 하나씩 부정해나갔다. 이 과정에서 데카르트는 '나는 생

각한다. 그러므로 나는 존재한다'라는 부정할 수 없는 결론에 도달했다. 바로 이 명제를 철학의 제1원리로 삼은 데카르트는 그로부터 신의 존재 증명과 이성에 대한 확신을 통해 진리를 위한 새로운 방법론에 관한 논의로 나아갔다.

데카르트는 인간이 확실한 인식에 도달할 수 있는 능력을 지니고 있다고 보았다. 불확실한 지식이 팽배해 있는 것은 인간이 그 능력, 즉 이성을 올바르게 사용하지 않기 때문이었다. 그는 이성을 올바르게 사용해 참된 진리로 나아갈 수 있는 새로운 방법에 대해 고민하기 시작했다.

데카르트가 보기에 새로운 학문 방법을 위한 가장 훌륭한 선례는 수학이었다. 그는 《방법서설Discours de la méthode》(1637)에서 "지금까지 학문에 있어서 진리를 탐구한 모든 사람 가운데 몇몇 논증, 즉 몇 가지 확실하고 명증적인 추리를 해낼 수 있었던 것은 오직 수학자들뿐이었음을 생각하고 그들이 검토한 바로 그 문제들로부터 시작해야 한다는 것을 조금도 의심하지 않았다"고 썼다. 그는 당시 가장 확실한 방법이라고 여겨지던 수학의 연구 방법에 주목했다.

데카르트 시대의 주된 수학은 기하학과 대수학이었다. 이 중 기하학은 공리와 같은 가장 간단하고 논쟁의 여지가 없는 명제로부터 시작해 좀 더 복잡한 기하학적 정리를 유도할 수 있는 미덕을 지니고 있었다. 그리고 대수학은 간단한 기호를 사용해 계산을 효율화할 수 있었고, 추상적인 미지의 양을 다루는 데도 유용했다.

그런데 기하학과 대수학의 방법에는 단점 역시 존재했다. 우선 기하학은 "항상 도형을 고찰하는 데 매여 있어 상상력을 몹시 지치게 하지 않고서는 오성을 활동시킬 수 없"는 분야가 되어 있었다. 아울러 전통적인 기하학적 방법은 근대 초에 등장한 다양한 곡선을 다루는 데는 효율적이지 못했다. 대포알의 궤적을 계산하기 위해서도, 경사면 운동을 논하기 위해서도, 망원경을 어떤 곡률의 렌즈로 제작할지 판단하기 위해서도 다양한 곡선에 대한 연구는 불가피했으므로 기하학은 바뀌어야 했다.

그리고 대수학 역시 "고대인의 해석과 근대인의 대수에서는 이것들이 아주 추상적이고 아무 소용이 없어 보이는 문제에만 사용될 뿐만 아니라 … 몇몇 규칙과 몇몇 기호에 너무 사로잡혀서, 정신을 계발하는 학문 대신에 정신을 어리둥절하게 하는 혼란스럽고 애매한 기술"이 되어 있었다. 특히 대수학은 이자나 환율 계산 등의 실용적 목적과 함께 발전했지만, 고차 방정식 풀이로 나아가면서는 그런 목적과는 동떨어진 채 너무 복잡해지고 있었다.

데카르트는 새로운 방법이 수학적 방법과 같이 간단한 명제와 기호 사용을 통해 참된 진리를 발견하는 데 효율적일 수 있지만, 현재의 방식을 개선해야 한다고 보았다. 기존의 기하학

수학 좀 해보려고 합니다

이나 대수학 방법에는 단점 역시 많으므로, 수학을 새롭게 구성할 필요가 있다고 생각한 것이다.

이런 상황에서 데카르트는 기하학과 대수학의 장점은 모두 가지면서도 단점은 없는 새로운 수학적 방법을 찾기 시작했다. 이는 다른 어떤 방법보다도 명백해 보였고, 데카르트는 이것이 논쟁의 여지없이 의심할 수 없는 확실한 지식에 도달할 수 있게 해준다고 여겼다. 따라서 그는 기하학의 방법을 다른 모든 지식 탐구에 활용할 수 있도록 일반화하고 체계화하고자 했다. 이 과정에서 의심스럽고 명확하지 않은 것은 참된 진리로 받아들이지 않았다.

그는 모든 문제에 접근할 때 가장 단순한 것으로부터 시작해 새롭고 복잡한 지식으로 나아가야 한다고 보았다. 이를 위해 기하학에서 가장 단순한 직선으로부터 시작해 복잡한 곡선의 연구로 나아가고자 했다.

복잡한 문제를 효율적으로 다루기 위해서는 직선 등을 간단한 기호로 나타내고 복잡한 문제를 단순한 문제로 나눈 뒤, 구하고자 하는 것을 정확하게 열거하는 순으로 나아가야 했다. 이것이 바로 데카르트가 개발한 해석기하학의 방법이다.

데카르트는 해석기하학의 방법을 《방법서설》 뒤에 실린 '기하학'에서 소개하고 있다. 이 방법을 이해하기 위해 좀 더 구체적

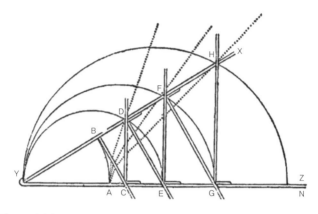

그림 8-3 비례자를 사용한 곡선 작도

으로 살펴보자. 가령, 데카르트는 '기하학' 2편에서 곡선의 성질을 다루며 비례자라고 부르는 기구를 사용해 복잡한 곡선을 작도하는 방법을 소개한다. 비례자는 그림 8-3에서처럼 Y점을 중심으로 자 YZ와 YX가 서로 벌어질 수 있는 구조로 되어 있다. 이때 점 B에서 자 YX에 수직이 되도록 자 BC를 연결한다. 그런 다음 점 C에서 자 BC와 만나도록 직각자 DCZ를 놓는다. 이때 YX를 움직이면 점 C가 움직이면서 점 D가 연쇄적으로 움직인다. 움직이는 점 D를 모두 이으면 점 A에서 시작되는 새로운 곡선을 얻게 된다. 마찬가지 방식으로, 자 YX를 움직일 때 점 F와 H가 그리는 점들을 이으면 각각 새로운 곡선이 만들어진다.

수학 좀 해보려고 합니다

이제 위의 곡선을 연구해 참된 지식을 얻으려 한다고 하자. 전통적인 기하학의 방법으로는 곡선에 대한 만족스러운 정보를 얻기 힘들다. 그런데 곡선 위를 움직이는 점의 자취를 (x, y)로 놓으면 구체적인 곡선의 방정식이 얻어진다. 가령, 점 D가 그리는 곡선의 방정식을 구하기 위해 점 D의 좌표를 (x, y)로 놓고, 변하지 않는 일정한 값을 가지는 선분 YE의 길이를 a라고 하자. D의 좌표를 (x, y)로 둘 때, 선분 YC는 x가 되고, 선분 CD는 y가 된다. 이때 삼각형 YBC와 삼각형 YCD의 닮음 관계를 활용하면, $x^4 - a^2 x^2 - a^2 y^2 = 0$이라는 4차식이 만들어진다. 마찬가지 방식으로, 점 F의 좌표를 (x, y)라고 놓고 삼각형 YCD와 삼각형 YDE, 그리고 삼각형 YEF 간의 닮음을 활용하면 변수 x, y에 관한 8차 방정식이 유도된다. 가장 단순한 직선에서부터 시작해 직선 위의 점과 선분에 간단한 기호를 부여하고, YX를 들어 올릴 때 삼각형의 닮음 조건들을 정확하게 열거해 계산하면 새로운 곡선이 만들어지는 것이다.

마찬가지 방식으로, 그림 8-4에서 고정된 G점을 중심으로 자 GL이 아래위로 움직이고 KL과 NL의 길이가 변하지 않으면서 아래위로 함께 움직이면, KN을 연장한 KC가 GL과 교점 C에서 만난다. 이때 자 GL이 아래위로 움직이면 점 C는 계속해서 움직이면서 새로운 곡선을 만들어낸다. 이 곡선에 관해 좀 더 자세히

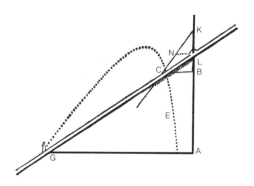

그림 8-4 데카르트의 포물선 작도

살펴보기 위해서는 곡선의 방정식을 구할 필요가 있다. 이를 위해 변하지 않는 선분 GA의 길이를 a, 선분 KL의 길이를 b, 선분 NL의 길이를 c, 그리고 움직이는 점 C의 좌표를 (x, y)라고 하자. AK를 x축으로 놓고 AG를 y축으로 놓은 상태에서 삼각형 KNL과 삼각형 KCB의 닮음, 그리고 삼각형 LCB와 삼각형 LGA의 닮음을 활용하면, 점 C가 그리는 곡선의 방정식 $y^2=cy-\frac{cx}{b}y+ay-ac$를 얻을 수 있다.

데카르트는 자신이 발견한 새로운 수학적 방법(해석기하학)을 통해 다양한 곡선에 대한 참된 지식을 얻을 수 있었다. 그리고 철학 및 과학의 다른 분야에서도 새로운 방법을 통해 참된 진리에 도달할 수 있을 것이라고 보았다.

수학 좀 해보려고 합니다

흔히 데카르트의 해석기하학을 이야기할 때 데카르트가 천장에 기어 다니는 거미를 보며 좌표 평면을 떠올렸다고 말한다. 하지만 데카르트의 해석기하학은 보다 진지한 철학적 고민의 산물이었다. 그리고 그가 예견한 것처럼 이후 다양한 분야에서 큰 성과를 거둔 효과적인 연구 방법이었다.

지금 배우는 수학이 고통스럽더라도 데카르트가 아니었으면 더 고통스러운 수학 시간이 되었을 걸 생각해보자. 아무쪼록 변수 x, y와 친해지길 바라며, 학생들의 건투를 빈다.

9장

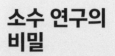

소수 연구의
비밀

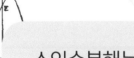

소인수분해는
왜 배울까?

약수나 배수, 공약수나 공배수 같은 단어는 학창 시절 수학을 공부한 이들에게는 그리 낯선 단어가 아닐 것이다. 이 내용은 초등학교 5학년 때 처음 등장하는데, 이후 중학교 1학년에 이르면 소수와 소인수분해로 좀 더 확장된다.

소인수분해는 여러 약수 중 소수로 수를 나누는 과정이고, 소수는 배수가 아닌 수이며, 공약수는 공통으로 나누어지는 소수다. 이때 수의 크기가 작으면 소수로 나누어 소인수분해 하는 것이 그리 어렵지 않다. 문제는 수가 커질 때이다. 수가 커지면 슈퍼컴퓨터를 이용해도 소인수분해가 쉽지 않기 때문이다. 그런데도 수학자들은 오랫동안 소수에 대해 연구하고 그러한 소수로 소인수분해 하는 문제를 고민해왔다. 이런 연구는 왜 하는 걸까? 이 문제를 이해하기 위해서는 먼저 소수에 관해 살펴볼 필요가 있다.

소수로 분해되는 수

모든 수는 두 수의 곱으로 나타낼 수 있다. 그런데 이 중에는 아무리 찾아봐도 1과 자기 자신의 곱으로만 표현되는 수들이 있다. 예를 들면 6은 1×6과 2×3으로 나타낼 수 있지만, 7은 1×7로만 나타낼 수 있다. 이때 6 같은 수가 합성수이고, 7 같은 수는 소수다. 단, 1은 1×1로 나타낼 수 있지만 소수라고 부르지 않는다. 이것은 고대부터 산술의 수를 셀 수 있는 무언가를 세는 데 사용했기 때문이다. (이와 달리 기하학의 길이나 넓이 등은 셀 수 없는 양을 측정하는 데 사용했다.) 다양한 소수의 특징을 연구하기 위해서도 1을 소수에서 제외하는 것이 수월하다. 따라서 소수는 1을 제외하고, 약수가 1과 자기 자신뿐인 자연수로 정의된다.

인수분해는 자연수를 바로 이러한 소수로 분해하는 작업이다. 예를 들어 자연수 18은 2와 3이라는 소수를 이용해 2×3×3으로 소인수분해 된다. 이 경우 작은 수의 인수분해를 우리가 쉽게 하는 것은 우리도 모르게 작은 소수에 익숙해 있기 때문이다. 사실 교과서에 나오는 대부분의 자연수는 2, 3, 5, 7, 11, 13, 17, 19 같은 소수로 소인수분해 된다.

그런데 앞에서도 이야기했지만, 수가 아주 커지면 인수분해가 어려워진다. 우리가 주로 사용하는 10 이하나 100 이하의 소수로는 나누어 떨어지지 않기 때문이다. 62,473,207 같은 여덟 자리 수를 생각해보자. 이 수는 오로지 두 소수 7901과 7907로 소인수분해 된다. 그러면 이 경우 소인수분해 하기가 쉬울까? 소인수분해를 하려면 주어진 수를 작은 소수부터 시작해 계속해서 소수로 나누어보아야 하는데, 보통 사람들은 7901과 7907이라는 소수를 찾는 것부터 힘들 것이다. 소수가 무엇인지 파악하는 것조차 쉽지 않다는 얘기다. 결국 큰 수를 소인수분해 하는 것은 매우 어려운 일이지만, 그나마 노트나 계산기 그리고 컴퓨터를 이용해서라도 계산하기 위해서는 먼저 큰 소수부터 알고 있어야 한다.

소수의 신비

그럼 소수는 어떻게 구할 수 있을까? 가장 오래된 방법 중 하나는 고대 그리스의 수학자 에라토스테네스Eratosthenes(274~196 BC)

의 체를 이용하는 방식이다. 가령, 1부터 100까지의 자연수 중에서 소수를 찾는다고 하자. 이 경우 그림 9-1과 같은 방식으로 수를 나열한 뒤, 2를 제외한 2의 배수부터 시작해, 3을 제외한 3의 배수, 5를 제외한 5의 배수, 그리고 7을 제외한 7의 배수를 순서대로 체로 거르면 최종적으로 네모 칸 안의 소수만 남는다. 이러한 방식을 활용하면 100을 넘는 수의 표에서도 소수를 구할 수 있는데, 현재는 1000만 이상의 수의 체까지 확장되어 있다.

그렇다면 소수의 개수는 주어진 구간마다 일정하게 발견될까? 1부터 100 사이의 소수를 생각해보자. 여기에는 총 25개의 소수가 존재한다. 2, 3, 5, 7, 11, 13, 17, 19, 23, 29, 31, 37, 41, 43, 47, 53, 59, 61, 67, 71, 73, 79, 83, 89, 97. 이 중 1부터 10 사이의 소수가 네 개인 데 비해, 91부터 100 사이에는 단 하나의 소수만 존재한다. 그러면 수가 커질수록 다른 수와의 곱으로 표현될 가능성도 커지니 소수가 줄어드는 걸까? 역사적으로 레온하르트 오일러Leonhard Euler(1707~1783), 아드리앵마리 르장드르Adrien-Marie Legendre(1752~1833), 카를 프리드리히 가우스Johann Carl Friedrich Gauss(1777~1855) 그리고 베른하르트 리만Georg Friedrich Bernhard Riemann(1826~1866) 등을 포함한 많은 수학자들이 소수가 어떻게 분포되어 있는지를 밝히기 위해 노력해왔다. 그 결과 수가 커질수록 소수의 밀도가 점점 줄어든다는 내용의 '소

수학 좀 해보려고 합니다

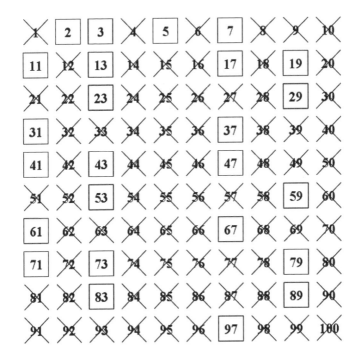

그림 9-1 소수를 구하기 위한 에라토스테네스의 체

그림 9-2 수학자 존 내시(John Forbes Nash Jr., 1928~2015)의 삶을 담은 책 《뷰티풀 마인드》 표지 존 내시가 리만 가설을 풀다 조현병에 걸렸다는 사실이 밝혀지면서 20세기 후반 40여 년간 수학자들은 이 연구를 멀리한 것으로 알려져 있다.

수 정리'가 발전하기도 했다. 이와 함께 '리만 가설Riemann hypothesis'과 같이 소수 정리를 증명하려는 다양한 시도 역시 이어졌다.

그렇다면 소수는 도대체 몇 개나 될까? 유클리드 또한 바로 이 문제에 관심을 기울였다. 유클리드는 《기하학 원론》 9권에서 소수의 개수가 무한함을 증명했다. 가령, 소수의 개수를 n개라 가정하고 순서대로 나열한 뒤 그 모든 소수를 곱해서 생기는 공배수 하나를 생각해보자. 그 공배수에 1을 더하면 앞의 어떤 소

그림 9-3 러셀 크로(Russell Crowe)
주연의 영화 〈뷰티풀 마인드〉 포스터
(2001)

수로도 나누어지지 않는다. 새로운 소수가 생기는 것이다. 마찬
가지 방식으로 새로 얻은 소수까지 포함해 곱한 뒤 새로운 공배
수를 구하고 다시 1을 더하는 과정을 거듭하면 계속해서 새로운
소수가 만들어진다. 결국, 소수의 개수를 한정해도 계속해서 새
로운 소수가 생길 수 있으므로 소수는 무한하다는 결론에 도달
한다.

　그러면 이 많은 소수에는 어떤 규칙이 존재할까? 결론부터 말

```
467333183359231099988335585561115521251321102817714495798582338593567923480521177207484311
4962136809003804931724836744251351914436524922028678749922492363963303861930595117077052285
963864405095412827410954851974327355101432575324997699380819164104077499060702708513178085
2879270515747600591825011224264939011775241470201122113881802463571203852569710311808614896
6775097681495456790744215925392808604345151310705231857280062253517330504393154504927694689
9674944342112985792233732337801754241421827174125670264416644353313890442672256181107628062
9923842039912255378570492258674504781998501869851883957199630080387179659069436984462272457
2407700456516926390008651726462990593760595429486791654633562139216744557672746497884434335
6797052450980481438931349795938877105350614496693489409255155953306872814733490045565082856
9333271410463787949726552668938875959796413163310288065921775297698341521241159133233652681
7314331097452082351397488563625371930195040660572209571807917346778421232394122570849227616
42401756195750429586333877007167162448853074807881260125089824549619209919611345802505146040
6349781811986135030515811634635556335663198966158276043886903297960119840962705373835796308
4364981806767810342409685957459438712247657182807255734439478038002420178354866749517974669
2986643959450031252516686566594252074345358101581042723707992427571828820948849065861590065
```

그림 9-4 2017년 12월 26일 조너선 페이스가 발견한 가장 큰 소수의 일부

하자면, 전체 소수에 적용되는 규칙은 없다. 그럼에도 수학자들은 포기하지 않았다. 그들은 계속해서 일부 소수라도 나타낼 수 있는 규칙을 찾고자 끊임없이 노력했다. 예컨대 서유럽에서 소수를 포함한 전문적인 정수론 연구를 부활시킨 피에르 드 페르마Pierre de Fermat(1601~1665)는 1640년 오늘날 '페르마 수Fermat number'라고 일컫는 소수의 규칙을 발표했다. $2^{2^n}+1$의 형태의 수가 소수라는 것인데, n이 0부터 4까지의 수인 경우에는 소수가 된다는 것이 확인되었다. 그러나 1732년 오일러는 $n=5$일 경우에는 $2^{2^n}+1=4294967297=641\times6700417$이 되어 소수가 되지 않음을 보여주었다. 한편 마랭 메르센Marin Mersenne(1588~1648)

수학 좀 해보려고 합니다

은 2^n-1의 형태와 소수 사이의 관계에 대해 고민했다. 1644년 메르센은 n이 2, 3, 4, 7, 13, 19, 31, 67, 127, 257일 경우에만 2^n-1의 형태의 수가 소수가 된다고 결론지었다. 메르센의 결론에는 오류가 있었지만, 결국 일부 큰 소수에 대해서는 2^n-1의 형태의 수가 소수가 됨이 밝혀졌다. 이후 '메르센 소수Mersenne Prime'라고 부르게 된 소수였다.

독일 수학자 크리스티안 골드바흐Christian Goldbach(1690~1764)는 오일러에게 보낸 편지에서 2보다 큰 모든 짝수는 두 개의 소수의 합으로 표현될 수 있고, 5보다 큰 모든 홀수는 세 소수의 합으로 표현될 수 있을 거라고 주장했다. '골드바흐의 추측'이라고 부르는 이 가설은 매우 큰 수에 대해서는 맞는 것으로 확인되었다. 그러나 모든 수에 대해서는 아직 증명되지 않은 상태다. 이 외에도 소수에 대해서는 그동안 많은 추측과 정리가 나왔다. 하지만 일부는 증명되었으나 아직 많은 것이 증명되지 않은 상태다.

그렇다면 이제까지 밝혀진 소수 중 가장 큰 소수는 무엇일까? 1876년 프랑스 수학자 에두아르 뤼카François Édouard Anatole Lucas(1842~1891)는 $2^{127}-1$이 소수임을 증명했는데, 이는 1951년 컴퓨터를 사용해 79자리 소수를 발견하기 이전까지 가장 큰 소수였다. 이후 컴퓨터 성능이 발전하면서 소수 계산은 비약적으로 빨라지기 시작했고, 그와 함께 소수의 크기 역시 늘어났다.

1996년에는 '인터넷 메르센 소수 탐색the Great Internet Mersenne Prime Search' 프로젝트가 발족했고, 이와 함께 $2^{1,398,269}-1$이라는 35번째 메르센 소수가 발견되었다. 이후 프로젝트가 네트워크로 연결되어 공조 작업이 가능해지면서 거의 해마다 더 큰 소수가 발견되고 있다. 최근의 가장 큰 소수는 미국의 전기공학자 조너선 페이스Jonathan Pace가 발견한 50번째 메르센 소수 $2^{77,232,917,269}-1$이다. 1초에 숫자 5개씩 54일 동안 써야 모두 적을 수 있을 만큼 큰 수다.

암호와 소수

그렇다면 이런 일을 왜 하는 걸까? 오랫동안 수학자들을 매료시킨 가장 큰 이유는 아마도 지적 호기심 때문일 것이다. 그러나 20세기 후반 암호학이 발전하면서 소수에 대한 관심은 새로운 전환을 맞고 있다. 암호는 역사적으로 오래되었지만, 컴퓨터 통신 기술의 발전에 의해 기밀 정보를 네트워크를 통해 송수신하는 일이 증가하면서 해킹의 위협과 함께 더욱 중요해졌다. 이와 함께 다양한 암호 체계 역시 개발되었는데, 그중에서도 1977년 MIT의 세 수학자가 고안한 RSA 암호 방식은 널리 활용되며 주목받고 있다. 이는 정보를 보내는 사람이 큰 자연수를 이용해 해당 정보를 암호화하는 방식인데, 이 자연수의 두 소인수를 구해야만 암호를 풀고 정보를 읽을 수 있다. 그런데 이게 몹시 까다롭다. 가령, 100자리의 자연수를 소인수분해 하려면, 1초에 1000조(10^{15}) 개의 셈을 하는 슈퍼컴퓨터를 사용해도 10^{35}초, 대략 3×10^{27}년이 걸린다. 미리 소인수분해 하는 방법을 알고 있다면 암호를 풀 수 있겠지만, 그렇지 않다면 짧은 시간 내에 이 암호를 푸는 것은 불가능하다.

소수 등을 다루는 정수론 분야는 오랫동안 실용성과는 무관한 순수 수학의 한 분야였다. 그러나 최근 암호학 연구에 응용되면서 크게 주목받고 있다. 역사적으로 수학은 뜻하지 않은 곳에서 큰 성과를 보여왔다. 수학을 강조하는 이유가 여기에 있다.

10장

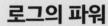

로그의 파워

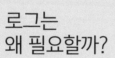

로그는
왜 필요할까?

얼마 전 딸이 중앙일보에 연재하는 다음 기사는 뭐냐고 물은 적이 있다. 그래서 로그를 다룰 거라고 했더니 "로그, 로그!" 하며 소리를 지르는 것 아닌가. 로그 함수의 미적분을 배우던 딸에게는 로그가 그저 또 하나의 수학 과제를 더한 원망의 대상이었나 보다. 로그가 있어서 수학 계산이 더 간단해진 거라고, 만약 로그가 없었다면 더 괴로웠을 거라고 이야기했지만, 딸에게는 와닿지 않는 것 같았다. 로그를 개발한 수학자들이 들으면 억울해했을 것이다. 로그는 수학 계산의 어려움을 해결하려는 과정에서 고안되었고, 이후 수학자들의 환호를 받으며 오랫동안 과학 분야에 크게 기여했기 때문이다.

아래에서는 로그가 구체적으로 어떤 과정을 통해 개발되었고,

어떤 식으로 활용되었는지 소개할 것이다. 이를 통해 문제집과 씨름하는 학생들이 로그에 대한 오해를 조금이라도 풀길 기대한다.

천문학자를 괴롭힌 삼각법 계산

로그는 처음 천문학 계산의 노고를 덜기 위해 고안되었다. 이를 이해하기 위해 먼저 당대 천문학 계산이 어떤 것이었는지 간략하게 돌아보자. 16세기 천문학은 고대 그리스의 천문학 구조를 그대로 계승한 것이었다. 따라서 행성들은 모두 완전한 원운동을 한다고 여겨졌다. 이때 가령 그림 10-1에서처럼 한 행성 V가 태양 S를 중심으로 원운동하고, 그 바깥 궤도에서 다시 지구 E가 원운동을 하고 있다고 하자. 지구에서 볼 때 행성 V가 반원으로 보이면 각 SVE는 직각이 된다. 이때 지구와 태양까지의 거리를 알면, 행성 V와 태양 S까지의 거리는 $SE \times \sin\theta$가 된다($\sin\theta = SV/SE$이므로 $SV = SE \times \sin\theta$). 마찬가지 방식으로 지구 E에서 행성 V까지의 거리는 $SE \times \cos\theta$가 된다($\cos\theta = EV/SE$가 되어 $EV = SE \times \cos\theta$).

이런 방식을 응용하면 $\sin\theta$와 $\cos\theta$를 알 때 다양한 천문 계산

수학 좀 해보려고 합니다

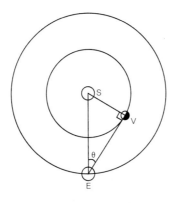

그림 10-1

값을 구할 수 있다. 앞에서 소개했듯 고대 그리스의 수학자이자 천문학자 히파르쿠스의 방식에 따르면, 반지름이 R일 때 중심각이 a이면, 각 a에 대응하는 현 Crd(a)는 2Rsin(a/2)가 된다(그림 10-2 참조). 이때 a가 60도가 되면 R과 Crd(a)가 같아져 정삼각형이 만들어지고, sin(60/2)=1/2이 된다. 이렇게 다양한 방식으로 특정 사인 값을 구한 뒤 삼각함수의 제곱 공식, 사인 덧셈 공식 그리고 반각 공식 등을 활용하면 다양한 각도의 사인 값을 구하는 것이 가능해진다. 따라서 프톨레마이오스는 다양한 방식으로 사인 값을 구한 뒤 반지름을 60으로 놓고 1/2도부터 1/2도 간격으로 180도까지의 현의 길이(2R×sin(a/2))를 계산해 표로 작성했다. 이는 다양한 천문 계산에 더없이 유용한 것이었다. 르네상스기에 이르러 사인 값은 더욱 정밀해졌는데, 가령 코페르니쿠스의 제자 게오르크 요아킴 레티쿠스Georg Joachim Rheticus(1514~1574)는 반지름이 10^{15}인 원을 대상으로 1초(1/3600도) 간격으로 사인 값을 소수점 이하 15자리까지 계산해 정리하기도 했다.

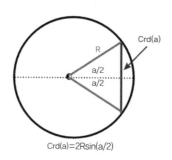

Crd(a)=2Rsin(a/2)

그림 10-2

그렇다면 일부 천문학자들이 삼각함수 값을 정밀하게 계산해 정리해주었는데, 이후 천문학자들은 왜 그리 어렵고 지루한 계산을 계속해야 했을까? 간단히 이야기하자면, 천문학자들의 계산이 단순한 삼각함수 값을 구하는 것을 넘어서 사인과 코사인의 곱셈과 나눗셈을 포함하고 있었기 때문이다. 가령, $\sin(\alpha+\beta)=\sin\alpha\cos\beta+\cos\alpha\sin\beta$라는 식을 생각해보자. 만약

수학 좀 해보려고 합니다

$\sin\alpha$, $\sin\beta$, $\cos\alpha$, $\cos\beta$는 알고 있어도 $\sin(\alpha+\beta)$의 값은 모른다면 $\sin\alpha\cos\beta$와 $\cos\alpha\sin\beta$의 값을 구해야 한다. 그런데 레티쿠스의 표에서 사인 값을 소수점 이하 15자리까지 계산했듯 정확한 사인 값을 확보하기 위해서는 소수점 이하 긴 자리의 계산 값을 확보해야 했다. 이런 상황에서 곱셈을 하는 경우에는 고도의 집중력은 물론이고, 지루한 반복 계산에 익숙해야 했다. 중간에 숫자 하나라도 실수하는 경우에는 연이어 다른 계산에도 오류가 생길 수 있기 때문이다.

그런데 16세기 말과 17세기 초에는 천문학 분야에서 혁명적인 변화가 일어나고 있었다. 튀코 브라헤는 정밀 관측과 계산에 기반해 새로운 천체 구조를 고안하고 있었다. 갈릴레오는 망원경 관측을 통해 기존 천체 구조의 문제점을 직시하며 코페르니쿠스의 천체 구조를 지지하고 있었다. 케플러는 정밀 관측과 계산을 통해 프톨레마이오스와 코페르니쿠스, 그리고 튀코 브라헤의 천체 구조를 넘어서는 완전히 새로운 천체 구조와 운동의 법칙을 개발하고 있었다. 천문학자들은 자연히 더 많은 시간을 지루하고 고단한 계산에 쏟아야 했다. 이런 상황에서 일부 천문학자는 삼각함수의 곱셈을 덧셈이나 뺄셈으로 변환해 계산했다. 그러나 이 방식에도 한계가 있었다. 효율적인 천체 계산의 필요성이 한껏 증가하고 있었던 것이다.

천문학의 혁명과 로그 개발

존 네이피어John Napier(1550~1617)는 바로 그러한 천문 계산을 효율화하는 데 많은 관심을 기울인 수학자였다. 그는 이전부터 복잡한 연산을 편리하게 하는 방법에 많은 관심을 갖고 있었다. 복잡한 곱셈 연산을 덧셈 계산으로 바꾸어 손쉽게 계산할 수 있도록 한 '네이피어의 막대' 발명은 대표적인 사례였다. 그러나 그는 거기에서 멈추지 않고, 복잡한 곱셈 계산을 획기적으로 개선할 수 있는 체계적인 수학적 원리를 구축하기 위해 노력했다. 이 과정에서 그는 곱셈을 덧셈으로 치환할 수 있는 다양한 방법에 관심을 기울였다. 그리고 마침내 1614년, 15년 가까운 연구의 결과물인 《경이적인 로그 법칙의 기술Mirifici logarithmorum canonis descriptio》(1614)을 출판했다.

네이피어는 이 책에서 로그라는 새로운 계산법의 원리와 로그표를 소개했다. 네이피어의 로그는 $10^7 \times 0.9999999^n$이 n이 되도록 한 계산법이다. 가령, 0.9999999를 a로 놓을 때 $10^7 \times a^x \times a^y$를 구하려면 x, y가 커질 경우 계산이 복잡해질 수 있다. 이때 네이피어 로그를 이용하면, Naplog($10^7 \times a^x \times a^y$)=Naplog($10^7 \times a^{x+y}$)=$x+y$가 된다. 로그표를 미리 만들어두면, Naplog가 $x+y$가 되는 값이 $10^7 \times a^x \times a^y$이 된다. 그리고 Naplog($10^7$)=0이고 a/

수학 좀 해보려고 합니다

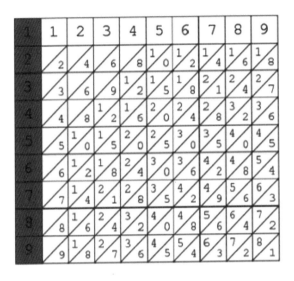

그림 10-3 네이피어는 '네이피어의 막대'라고 부르는, 곱셈 계산을 위한 도구를 개발하기도 했다. 이 도구에는 왼쪽에 1부터 9까지의 숫자가 적힌 세로 칸이 있고, 맨 위에도 1부터 9까지의 가로 숫자 칸이 있다. 그리고 가로 세로 숫자와의 곱셈 값을 적은 숫자 막대가 아홉 개 있다. 가령, 4로 시작되는 세로 막대에는 4×9까지의 값을 순서대로 적고 있는데, 이때 4×8처럼 10을 넘어 32가 되는 경우에는 사선 위쪽에 3을 적고 사선 아래에 2를 적는 식으로 칸을 메운다. 예를 들어 4358×2574를 계산한다고 하자. 먼저 4, 3, 5, 8로 시작되는 세로 막대를 나란히 붙여둔다. 그런 다음 4358×2(=8716), 4358×5(=21790), 4358×7(=30506), 4358×4(=17432)를 구한다. 그리고 자릿수에 맞게 0을 붙여주면서 더하면 8716000+2179000+305060+17432=11,217,492가 나온다. 이런 방식을 활용하면 아홉 자릿수의 곱셈을 하는 것이 가능하고, 곱셈을 계산하는 데 주로 덧셈이 사용됨을 알 수 있다.

b=c/d일 때, NapLog(a)−NapLog(b)=NapLog(c)−NapLog(d)가 된다.

복잡한 천문 계산이 연구의 동기였던 만큼, 그는 자신의 책에서 로그를 삼각법에 적용해 계산을 효율화하는 방법을 자세히 설명했다. 이에 따르면 가령, NapLog(tanθ)=NapLog(sinθ)−NapLog(cosθ)가 되어서 나눗셈 계산을 뺄셈 계산으로 취환할 수 있다. 마찬가지로 sinα×sinβ의 값을 구하기 위해서는 양변에 로그를 취해 NapLog(x)=NapLog(sinα)+NapLog(sinβ)와 같이 덧셈 연산으로 바꾸면 계산이 수월해진다.

따라서 네이피어는 로그표를 작성하면서 sinθ를 포함해 log(sinθ), log(sin(180−θ)), log(sinθ−sin(180−θ)), 즉 log(tanθ) 등 다양한 값을 포함시켰다. 그림 10−4의 로그표를 보면, 왼쪽부터 순서대로 다음과 같은 값이 계산되어 있는데, 이 표를 통해 삼각법의 계산이 좀 더 간편해졌음을 짐작할 수 있다.

θ, sinθ, log(sinθ), log(sinθ−sin(180−θ)), log(sin(180−θ)), sin(180−θ)

네이피어의 로그는 곧바로 수학자들의 관심을 불러일으켰다. 가령, 옥스퍼드 대학의 헨리 브릭스Henry Briggs(1561~1630)는 네이

수학 좀 해보려고 합니다

Deg. 0 +1−

mi	Sines	Logarith	Differen.	Logarith:	Sines	
0	0	Infinite.	Infinite.	.0	1000000.0	60
1	291	8142567	8142568	.1	1000000.0	59
2	582	7449419	7449421	.2	999999 8	58
3	873	7043952	7043956	.4	999999.6	57
4	1164	6756275	6756274	.7	999999.3	56
5	1454	6533131	6533130	1.1	999998 9	55
6	1745	6350810	6350808	1.6	999998.6	54
7	2036	6196659	6196657	2.2	999998.0	53
8	2327	6063128	6063126	2.8	999997.4	52
9	2618	5945345	5945342	3.5	999996.7	51
10	2909	5839986	5839814	4.3	999995 9	50
11	3280	5744676	5744671	5.2	999995.0	49
12	3491	5657665	5657658	6.2	999994.0	48
13	3781	5577622	5577615	7.3	999992.8	47
14	4072	5503514	5503506	8.4	999991.7	46
15	4363	5434522	5434513	9.6	999990.5	45
16	4654	5369984	5369973	10 9	999989.2	44
17	4945	5309360	5309348	12.3	999987.8	43
18	5236	5252202	5252188	13.8	999986.3	42
19	5527	5198136	5198120	15.4	999984.7	41
20	5818	5146843	5146836	17.0	999983.1	40
21	6109	5098054	5098045	18.7	999981 3	39
22	6399	5051534	5051514	20.5	999979.5	38
23	6690	5007083	5007060	22.4	999977.6	37
24	6981	4964524	4964499	24.4	999975.6	36
25	7272	4923703	4923676	26.5	999973.6	35
26	7563	4884483	4884454	28.7	999971.4	34
27	7854	4846743	4846712	30 9	999969.2	33
28	8145	4810376	4810343	33.2	999966.8	32
29	8436	4775286	4775250	35.	999964.4	31
30	8726	4741385	4741347	38.1	999961.9	30

Min.

Deg. 89

그림 10-4 네이피어의 《경이적인 로그 법칙의 기술》(1614)에 실린 로그표

피어의 로그를 접한 뒤 log1=0, log10=1로 정의해 로그의 밑이 10이 되도록 할 것을 제안했다. 비록 네이피어가 곧바로 브릭스의 제안을 받아들이지는 않았지만, 브릭스는 독자적으로 밑이 10인 상용로그표를 작성해 1617년에는 《로그 입문Logarithmorum Chilias Prima》(1617), 그리고 1624년에는 《로그 계산Arithmetica Logarithmica》(1624)을 통해 이를 발표했다. 특히, 1624년의 저작에서는 1부터 20,000, 그리고 90,000부터 100,000까지 수의 상용로그 값의 표를 작성했다. 소수점 이하 14자리 값의 목록이었다.

로그가 소개되고 얼마 지나지 않아 로그는 국내외 학자들 사이에서 큰 호응을 얻기 시작했다. 행성 운동의 법칙을 고안해온 케플러는 자신의 천체 계산 작업을 진행하던 중 네이피어의 로그를 접하면서 중요한 아이디어를 얻었다. 로그 사용이 일반화하면서 복잡한 로그 계산을 편리하게 해주는 계산 기구 역시 등장했다. 건터자gunter와 원형자는 20세기 중반까지도 로그 계산을 하는 데 유용하게 쓰였다. 계산자는 컴퓨터가 발전하기 이전에 천체 연구와 항해 및 지도 제작 등의 기술이 발달하는 데 중요한 이바지를 한 도구였다.

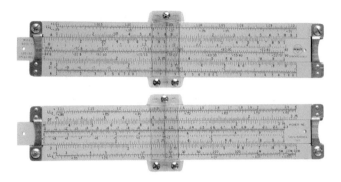

그림 10-5 로그 사용이 가능한 계산자 미 항공우주국(NASA) 엔지니어들이 아폴로 11호를 달에
착륙시키는 미션을 완수하는 과정에서 사용했다.

로그 활용법

물론 요즘에는 계산자를 사용하지 않는다. 컴퓨터가 있으니 큰
수를 계산하는 것 역시 어렵지 않다. 그렇다면 로그는 배울 필
요가 없는 걸까? 사실 로그는 우리 주변에서 여전히 큰 수를 다
루는 데 활용되고 있다. 이 글을 쓰는 동안 대만에서 6.4 규모
의 지진이 일어나 큰 피해가 발생했다. 여기서 6.4라는 수치는
지진의 강도를 의미하는데, 사실 이것 역시 log의 값(100km 떨어
진 지진계에서 측정되는 지진파의 진폭/진폭이 1미크론[100만 분의 1m]
이 되는 기준 진동)을 의미한다. 이때 지진은 없고 그저 기준 진동

그림 10−6 계산자 광고 다섯 번의 아폴로 미션 과정에 탑재된 것임을 강조하고 있다.

수학 좀 해보려고 합니다

만 있을 경우, 100km 떨어진 지점에서의 진폭 역시 기준 진동 1미크론으로 동일할 것이므로 평상시의 리히터 규모는 $\log 1 = 0$이 된다. 리히터 규모 2의 지진은 $2 = \log 100$이 되어 지진파의 진폭이 평상시의 100배가 되었음을 의미한다. 마찬가지 방식으로 6.4 규모의 지진을 생각하면, 100km 떨어진 곳에서 기준 진동에 비교해 $10^{6.4}$배, 약 2,511,886미크론, 즉 2.5미터 진폭의 진동이 발생한 지진이었음을 알 수 있다.

이 밖에도 우리 주변에는 로그로 표현되는 값이 많다. 음의 세기를 표현할 때 쓰이는 데시벨이나 용액의 산, 염기 농도를 나타내는 ph 수치 등. 이렇게 큰 수를 다루면서 그대로 쓰거나 계속 지수를 사용해야 한다면 복잡하기 그지없을 것이다. 수학 기호가 언뜻 복잡하고 어려운 것 같지만, 사실 알고 보면 더욱 간단하고 편리하게 표현하려는 과정에서 고안된 것들이다. 수학 기호를 미워하기보다 사랑했으면 좋겠다.

11장

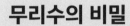

무리수의 비밀

무리수는
어떻게
생겨났을까?

흔히 이치에 어긋나거나 정도를 벗어나는 행동을 할 때 '무리수無理手를 둔다'라는 표현을 쓴다. 그런데 비슷한 단어가 수학에 있다. 유리수와 대척점에 있는 무리수無理數가 그것. 그렇다면 수학에서 무리수는 이치에 맞지 않거나 정상적이지 않은 수일까? 무리수를 의미하는 'irrational number'라는 영어 단어를 보면 언뜻 그 말이 그럴듯해 보인다. 하지만 과연 그럴까?

무리수를 의미하는 irrational number는 'rational'하지 않은 수를 의미한다. 'rational'이라는 단어는 라틴어 ratio에서 비롯되었는데, ratio는 17세기 중엽부터 우리가 잘 아는 '두 수의 비'라는 의미로 사용하기 시작했다. 이 경우 irrational number는 두 수의 비로 나타낼 수 없는 수를 의미한다. 그렇다면 두 수의 비로 나타낼 수 있는 것과 나타낼 수 없는 것을 구분하는 것은 왜 중요할까? 이 문제를 이해하기 위해서는 고대 그리스의 수 개념을 살펴볼 필요가 있다.

수, 만물의 근원

고대 그리스에서 수는 셀 수 있는 '수'를 의미했다. 지금 표현으로 하면 하나, 둘, 셋 등이 1, 2, 3 등으로 표현되며 수를 구성했다. 그렇다면 소수나 분수는 수가 아니었을까? '소수'나 '분수'라는 용어는 르네상스기 서유럽에서 만들어진 것이지만, 소수나 분수에 해당하는 수는 이미 고대 그리스에 잘 알려져 있었다. 다만 지금과 다른 점이 있다면, 당시에는 그것을 '수'라고 부르지 않고 '양'이라고 불렀다는 사실이다. 이때 실용적인 측면에서는 다양한 양을 이해하는 것이 중요했겠지만, 고대 그리스에서 가장 중요하고 고귀하게 여긴 것은 양이 아니라 수였다.

수를 이렇게 이해하기 시작한 것은 고대 그리스의 피타고라스로부터 기인한다. 피타고라스는 수를 통해 보이지 않는 우주의 원리를 이해할 수 있다고 보았다. 가령, 지구에서 특정 행성까지의 거리는 지구에서 가장 바깥쪽에 있는 천구까지의 거리와 수의 비를 이룬다고 생각했다. 그에 따르면, 지구로부터 달까지의 거리는 가장 바깥쪽의 항성 천구까지의 거리와 1:2의 비였고, 지구에서 금성까지의 거리는 지구에서 항성 천구까지의 거리와 128:243의 비를 이루었다. 마찬가지 방식으로 지구에서 행성까지의 거리를 구하면, 지구에서 수성까지의 거리는 16:27, 태양까지는 2:3, 화성까지는 3:4, 목성까지는 64:81, 그리고 토성까지는 8:9의 비를 이룬다고 여겨졌다. 행성의 위치를 수의 비를 통해 이해할 수 있다는 것은 놀라운 일이었다.

피타고라스는 계속된 연구를 통해 조화로운 소리 역시 수의 비로 표현된다는 것을 발견했다. 이를 현의 길이를 통해 설명하면(1장 참조), 완전 1도의 음정은 현의 길이가 1:1이 되는 현을 순차적으로 튕길 때 났다. 마찬가지 방식으로 장 2도는 현의 길이의 비가 8:9, 장 3도는 64:81의 비를 이루는 현을 순차적으로 튕길 때 났다. 이 중에서도 가장 조화로운 음정은 1:1, 3:4, 2:3, 1:2의 비를 지닐 때 만들어졌는데, 이는 모두 가장 중요한 수인 1, 2, 3, 4만으로 표현되었다. 그리고 이 수를 모두 더하면 1+2+3+4=10, 곧 완전수 10이 되었다.

마찬가지로 조화로운 삼각형은 세 변의 길이가 3:4:5의 비나 5:12:13, 그리고 6:8:10처럼 수의 비를 지니고 있었다. 이는 우리가 잘 아는 피타고라스의 정리(그림 11−1에서 $a^2+b^2=c^2$)를 만족

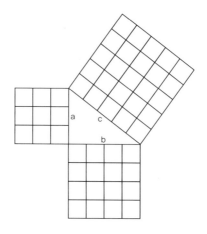

그림 11-1 네모칸을 세어보면 피타고라스의 정리를 증명할 수 있다.

했다. 어떤 수 n의 제곱은 1부터 n번째 홀수까지를 더할 때 구할 수 있었다(5^2=1+3+5+7+9). 그리고 220과 284처럼 자신의 약수의 합이 다른 수가 되는 수도 있었는데, 피타고라스는 천구가 바로 이런 수와 같다고 이야기했다. (284의 약수는 1, 2, 4, 71, 142이고 220의 약수는 1, 2, 4, 5, 10, 11, 20, 22, 44, 55, 110일 때, 1+2+4+71+142=220이고 1+2+4+5+10+11+20+22+44+55+110=284이다.) 이처럼 수는 다양한 방식으로 흥미로운 결과를 보여주었다.

이 모든 발견은 수에 신비로움을 더해주었다. 피타고라스 학

수학 좀 해보려고 합니다

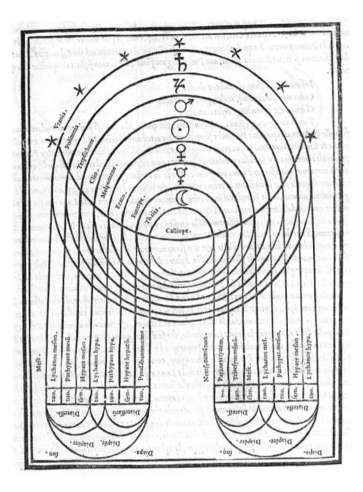

그림 11-2 각 행성은 지구를 중심으로 투명한 천구에 박혀 회전한다고 생각했는데, 이때 각각의 천구는 다양한 방식으로 거리의 비에 따라 천구의 화음을 낸다.

파가 '만물의 근원은 수'이고, '수학의 원리가 존재하는 모든 것의 원리이며, 이것들 가운데 수는 본성상 으뜸'이라고 주장한 것은 이러한 수와 수의 비의 신비에서 비롯되었을 것이다. 그리고 이러한 견해는 대표적인 피타고라스주의자였던 필로라우스의 다음과 같은 말에서 잘 드러난다. "알려지는 모든 것은 진정 수를 갖고 있다. 왜냐하면 이것 없이는 아무것도 사유할 수도, 알려질 수도 없기 때문이다."

숨겨야 하는 비밀

그런데 이런 상황에서 무리수가 발견되었다. 가령, 무리수는 직각이등변삼각형의 빗변에서 쉽게 발견할 수 있는데, 양변이 a라고 할 때 빗변은 $a\sqrt{2}$라는 무리수 값을 지닌다. 그런데 이 길이는 다른 변으로는 잴 수 없고 수의 비로 표현할 수도 없었다. 만물을 수로 이해할 수 있다고 여겼는데, 직각삼각형의 빗변 하나 제대로 설명할 수 없으니 피타고라스 학파로서는 당혹스러울 수밖에 없었다. 결국 피타고라스 학파는 무리수를 '잴 수 없는 incommensurable 양'이라고 불렀고, 수에는 포함시키지 않았다. 그리고 무리수의 존재를 숨겼는데, 프로클로스Proklos(410~485)의 글은 이러한 정황을 잘 보여준다. "감춰져 있던 무리수를 처음으로 공개하는 사람은 파멸해 죽을 것이고, 이는 모두에게 적용될 것이다. 말로 표현할 수 없는 것과 형체가 없는 것은 감출 필요가 있기 때문이다."

부정할 수 없는 존재, 무리수

하지만 무리수는 감춘다고 감출 수 있는 것이 아니었다. 정사각형의 대각선의 길이가 무리수이듯, 주변에서 무리수 값을 찾는 것은 흔한 일이었기 때문이다. 따라서 고대 그리스인은 무리수를 수로 인정하지는 않았지만, 실용적인 목적을 위해서는 무리수의 근사값을 계산해 활용했다.

이런 가운데 중세 서유럽에서 상업과 무역이 발전하면서 전통적인 수의 개념을 확대해 무리수까지 다룰 필요성이 제기되기 시작했다. 천문 및 항해 계산이나 이자 및 세금 계산 등을 위해서는 무리수를 다루는 게 필요했기 때문이다. 때마침 이슬람 세계로부터 대수학이 전해지면서 수학 계산에 무리수가 등장했다. 이슬람 수학자들은 2차 방정식의 해법을 연구했는데, 그 과정에서 해 중에 무리수인 제곱근이 포함됨을 발견했다. 이후 그들은

그림 11-3 이슬람 수학자 알콰리즈미 그의 대수학 저서가 서유럽으로 전해져 대수학 연구를 꽃피웠다. 옛 소련에서 제작한 우표.

3차 방정식의 해법도 연구했는데, 그 과정에서 제곱근으로는 3차 방정식의 해를 구할 수 없음을 발견하기도 했다. 새로운 대수학 연구는 상업이 발전한 이탈리아에서 곧바로 받아들여졌다. 특히, 점차 성장하던 상인 계층의 자제들에게 계산법을 가르치던 계산 학교abbacus school가 늘어나면서 이슬람에서 유입된 대수학 연구는 서유럽에서 더욱 발전하기 시작했다.

수학 좀 해보려고 합니다

그림 11-4 르네상스기에 상인과 지주 그리고 귀족이 보유하고 있던 계산판 코인처럼 생긴 토큰을 이용해 상업 및 무역과 관련한 계산을 했다. 이들에게 수란 코인처럼 셀 수 있는 것이었다.

기호에 감춰진 무리수

그러나 대수학 연구가 발전하는 동안에도 무리수는 여전히 기피 대상이었다. 따라서 방정식을 풀면서 음수를 포함해 무리수가 나올 경우에는 근으로 인정하지 않았다. 전통적인 수 개념에서 음수나 무리수는 수가 아니었기 때문이다. 이런 상황에서 대수학을 집대성한 카르다노는 대수적 논의의 대상을 음수와 무리수까지 포함해 확대할 것을 주장했다. 그러나 당시에는 방정식도 산문 형태로 썼고, 음수에 대한 거부감으로 인해 고차 방정식의 계수는 양수로만 국한했다. 방정식의 근 역시 음수나 무리수가 나올 경우에는 근으로 인정하지 않았다. 따라서 방정식 해법을 위한 유형 역시 양의 근이 나올 수 있도록 열세 가지 유형으로 나누어 설명했다. 마찬가지로 3차 방정식 역시 열세 가지의 유형으로 나누어 해법을 설명했다. 이는 현대에 2차 방정식의 일반형을 $ax^2+bx+c=0$ 하나로 두는 것과 달랐다. 전통적인 수 개념이 굳건한 상태에서 무리수를 인정하는 것은 쉬운 일이 아니었다.

이런 가운데 르네상스기에 상업이 발전하고 원거리 항해가 활발해지면서 방정식 연구와 무리수 계산은 더욱 시급해졌다. 프랑스의 수학자 프랑수아 비에트François Viète(1540~1603)는 대수학

수학 좀 해보려고 합니다

그림 11-5 3차 방정식 연구를 정리한 카르다노

연구에서 무리수까지 포괄하는 문자 기호 사용을 제안했다. 그
는 B, C, D, F, G와 같은 자음은 이미 알려진 계수를 표현하는
데 사용하고, 모음 A, E, I, O, U는 미지수를 표현하기 위해 사
용할 것을 주장했다. 이후 데카르트에 이르면 보다 더 근대적
인 기호를 사용하기 시작했다. 예컨대 방정식 계수의 경우에는
앞에 있는 소문자 a, b, c 등을 사용하고, 미지수를 위해서는 뒤
쪽에 있는 소문자 x, y, z 등을 사용했다. 또한 x의 세제곱 역시

x^3으로 표기하는 등 기호 사용에서 보다 근대적인 모습을 보여주었다. 수를 대신해 기호를 사용하기 시작하면서 유리수든 무리수든 동일한 방식으로 표현할 수 있게 되자 전통적인 수 개념에 대한 도전은 더욱 거세졌다.

더욱이 이 시기에는 네이피어에 의해 로그가 고안되었는데, 초기 연구 과정에서 네이피어는 현대적인 방식과 달리 기하학적인 양을 수에 일대일 대응시키는 방식으로 로그를 정의했다. 그리고 기하학적인 양에 대응하는 로그 값을 십진법을 이용해 길게 어림 계산해 기하학적인 양과 수 사이의 구분을 모호하게 만들었다. 로그는 개발 이후 수학자 사회에서 활발하게 받아들여졌는데, 이 과정에서 기하학적인 양과 수 사이의 구분은 점차 희미해져갔다.

이 외에도 고차 방정식의 연구 과정에서 3차 방정식의 일반해가 세제곱근과 제곱근으로 구성된다는 것을 발견했다. 이후 이탈리아의 수학자 로도비코 페라리Lodovico Ferrari(1522~1565)는 4차 방정식이 네제곱근을 넘지 않는 거듭제곱근으로 구성될 수 있음을 보였다. 이후 n차 방정식의 경우 n 제곱근을 넘지 않는 거듭제곱근으로 해를 구성할 수 있음이 확인되었다.

근대 초의 여러 수학적 연구 성과들과 함께, 무리수인 제곱근을 일반적으로 사용하면서 무리수는 수의 일부가 되어갔다. 수의

그림 11-6 무리수 파이를 이용한 예술 파이의 값을 구해 0부터 9까지의 자릿수에 해당하는 곳에 색칠을 해서 그려낸 이미지.

영역에는 유리수 외에도 무리수가 포함되었고, 무리수를 다루는 함수나 방정식 그리고 미적분학의 문제가 활발하게 연구되었다. 무리수는 수학 연구 과정에 없어서는 안 될 존재였다.

다양한 수학적 문제 해결에 기여하는 무리수

이제 무리수는 우리에게 익숙한 것이 되었다. 그렇다면 이러한 무리수는 도대체 어디에 사용될까? 사실 실용적인 목적을 위해서라면 굳이 어렵게 무리수를 논할 필요가 없을지도 모르겠다. 무리수를 정확하게 재단하는 것은 불가능하므로 실용적인 문제를 해결하기 위해서는 단지 어림값만 계산하면 되기 때문이다. 그렇다면 수학 교과서에서는 왜 무리수를 계속해서 다루는 걸까?

중·고등학교 수학 교육 과정에서는 제대로 이해하기 힘들겠지만, 고등 수학 연구에서 무리수는 중요한 역할을 한다. 함수나 극한, 무한 급수 그리고 미적분학의 문제는 물론이고, 로그함수와 지수함수 그리고 삼각함수와 관련한 문제를 정의하고 해결하는 과정에서 무리수가 유용한 역할을 하는 것이다. 이 외에도 19세기 말에는 유리수와 무리수에 대한 연구가 진행되면서 실수를 새롭게 정의하기에 이르렀다. 이는 이전에 미적분학을 연구하는 과정에서 제대로 풀리지 않았던 논리적인 문제를 해결하고, 미적분학의 개념을 새롭게 정의하는 데 크게 기여했다.

　학생들 입장에서는 여전히 무리수가 큰 의미를 갖지 않을지도 모르겠다. 하지만 역사적으로 수학 분야에서 무리수가 얼마나 중요한 화두를 던졌고 관련 연구가 얼마나 진행되었는지를 생각할 때 무리수는 수학 교육 과정에서 반드시 다루어야 할 수임에 틀림없다.

12장

미적분학의 탄생

미적분학은
왜 만들어졌을까?

아마도 미적분학은 이른바 '수포자'를 양산하는 데 가장 큰 공을 세운 수학 분야일 것이다. 미적분학에 이르면 수열, 급수, 극한, 무한소 같은 개념이 다양한 함수와 마구 뒤섞여 응용되기 때문이다. 더욱이 직관적으로 이해하기 힘들어 정신 똑바로 차리고 계산 과정에 집중하지 않으면 자칫 해답을 향한 길에서 이탈할 수 있다.

그렇다면 수학의 꽃이라 일컫는 동시에 수많은 학생의 원망의 대상이 된 미적분학은 도대체 왜 만들어졌으며 어디에 사용되는 걸까? 사는 데 도무지 필요 없어 보이는 미적분학이 과연 어떤 학문인지 미적분학의 역사를 통해 살펴보기로 하자.

운동의 수학적 분석

근대 이전 운동은 아리스토텔레스의 방식대로 이해 및 연구되었다. 이에 따르면 운동은 자연스러운 것과 그렇지 않은 것으로 나뉘었다. 자연스러운 운동은 다시 직선 운동과 원운동으로 구성되었다. 전자는 무거운 물체가 아래로 떨어지거나 가벼운 물체가 위로 올라가는 운동이고, 후자는 지구를 중심으로 회전하는 행성들의 운동이었다. 이 중 수학적으로 기술할 수 있는 운동은 오로지 원운동으로 구성된 천상계에 국한되었다.

그런데 근대 초 갈릴레오는 지상에서의 운동 문제 역시 수학적 관점으로 접근하기 시작했다. 가령, 아리스토텔레스에 의하면 밑으로 내려가거나 올라가는 운동은 물체가 지닌 본연의 성질, 즉 무거움이나 가벼움에 의한 것이었다. 그러나 갈릴레오는 물체의 무거움이나 가벼움이라는 성질이 절대적인 것이 아님을 보이며 낙하 운동에 관한 연구를 계속해나갔다. 그리고 점차 운동의 원인에 대한 연구에서 벗어나 물체가 어떤 형태로 움직이는가에 주목하기 시작했다. 이 과정에서 모든 물체가 종류나 크기와 관계없이 같은 속도로 낙하한다는 법칙을 발견했고, 물체의 낙하 거리가 시간의 제곱에 비례한다는 수학적 결론을 도출했다. 갈릴레오의 사유는 이후 경사면 운동이나 투사체의 운동 등으로 확장되었고, 새로운 방식의 역학 연구를 완성해갔다.

갈릴레오에 의해 지상에서 일어나는 운동의 형태와 양 등이 속도와 시간 그리고 거리 같은 변수를 통해 수학적으로 분석되면서 운동에 관한 수학적 연구는 활기를 띠기 시작했다. 더욱이 얼마 지나지 않아 데카르트에 의해 해석기하학이 발전하면서 물체가 운동하며 만들어내는 곡선의 궤적이 방정식의 형태로 표현되기에 이르렀다. 결국, 지상에서의 운동이 기하학적 곡선으로 표현되고, 그 곡선이 방정식의 형태로 표현되면서 근대 초 운동에 관한 연구는 새로운 전환을 맞이했다.

아르키메데스의 열정

한편, 16세기 말 유럽 수학계에서는 아르키메데스의 연구에 대한 관심이 크게 늘어났다. 중세 동안 아르키메데스는 투석기나 기중기 등을 발명한 기술자나 기계공 등으로 알려졌으나 근대 초에 이르러 갈릴레오 같은 수학자들을 통해 아르키메데스의 수학 서적이 본격적으로 연구되기 시작했다. 이 과정에서 구의 부피와 겉넓이, 포물선과 포물면의 절단부 넓이를 구하는 아르키

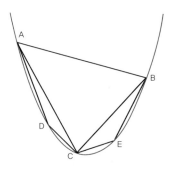

그림 12-1 아르키메데스의 포물선의 절단부 넓이를 구하는 방식

메데스의 방식이 새롭게 소개되었다.

특히, 아르키메데스의 실진법 연구는 여러 학자의 기하학 연구 과정에 응용되었다. 그는 포물선의 절단부 넓이를 구하는 과정에서 계속적으로 삼각형을 만들어 더해가는 방식을 택했다(포물선 아래의 넓이=삼각형 ABC+삼각형 ADC+삼각형 CEB+…). 시몬 스테빈Simon Stevin(1548~1620)이나 케플러, 로베르발Gilles Personne de Roberval(1602~1675) 그리고 페르마 같은 근대 초의 수학자들은 이 방법을 응용해 곡선으로 이루어진 부분의 넓이나 그 곡선의 회전을 통해 얻어지는 입체의 부피를 구하는 방법을 고안했다. 이는 실용적인 관점에서 포도주 통과 같은 곡선을 지니는 물체의 최적 겉넓이나 부피를 구하는 데 활용되었다. 또한 운동의 궤적

수학 좀 해보려고 합니다

이 만들어내는 곡선 위의 한 점에서의 운동 방향이나 움직이는 거리 등을 계산하는 데도 유용했다. 이 외에도 순수하게 기하학적인 관점에서 곡선의 길이나 면적 그리고 곡선이 회전해서 만드는 입체의 체적 등을 연구하는 데도 활용되었다.

미적분학의 발견

이러한 곡선과 관련된 양의 계산 과정에 미분과 적분의 개념이 포함되어 있고, 서로 독특한 관계를 지님을 이해한 최초의 인물은 뉴턴과 고트프리트 빌헬름 라이프니츠Gottfried Wilhelm Leibniz (1646~1716)였다. 이들은 미적분학을 현재의 미적분학 연산 과정처럼 다양한 연구에 보편적으로 사용할 수 있게 만들었다. 뉴턴은 점이 x, y 좌표 평면에서 움직이며 곡선을 만든다고 생각했다. 그는 점의 x 방향의 순간 속도를 x의 유율, 점의 y 방향의 순간 속도를 y의 유율이라고 정의할 때, 각 방향의 속도의 비, 즉 'y의 유율: x의 유율'은 임의의 점 (x, y)에서의 접선이 된다고 보았다. 이는 점 (x, y)에서의 순간 변화율, 즉 미분을 의미했다. 한편, 면적에 관해서는 선이 움직이면서 면적이 구성된다고 여겼는데, 면적의 변화율을 구할 때 선 y의 값을 의미하는 처음의 곡선이 나온다는 사실을 보여주었다. 이는 미분과 적분의 관계를 보여준 것으로 이후 미적분학의 다양한 응용을 가능케 했다.

한편, 비슷한 시기 라이프니츠는 곡선의 접선이 가로 좌표의 차와 세로 좌표의 차가 무한히 작아질 때 그 차의 비에 의존한다고 생각했다. 이는 x, y 좌표 평면 위의 한 곡선 $f(x)$를 가정할 때, 곡선의 가로 좌표의 차를 dx, 세로 좌표의 차를 $f(x+dx)-f(x)$라고 하면, $[f(x+dx)-f(x)]/dx$의 극한을 의미한다. 이 외에도 그는 현대의 정적분과 유사한 방식으로 적분하는 방법도 알아냈고, 함수의 합과 차의 미분을 구하는 방식 등도 고안했다.

뉴턴과 라이프니츠는 미분과 적분을 구하는 일반적인 방법을 고안하고 그 둘 간의 역관계를 파악했다는 점에서 거의 같은 결론을 얻은 것이나 다름없었다. 다만, 두 사람 연구의 구체적인 방법에는 차이가 있었고, 특히 라이프니츠가 현대에 쓰이는 미적분의 주요 기호들을 이미 사용하고 있었다는 점에서 그러했다.

더욱이 베르누이Bernoulli 형제는 라이프니츠의 미적분 기호를 익혀 미적분 이론을 더욱 발전시켰고, 요한 베르누이Johann Bernoulli (1667~1748)의 첫 번째 제자였던 기욤 드 로피탈Guillaume de l'Hôpital (1661~1704)은 미적분법에 관한 교과서를 출판해 미적분학을 일반에 널리 알리는 데 기여했다. 그 결과 유럽 대륙에서는 라이프니츠의 미적분학이 폭넓게 알려졌고, 이를 활발하게 응용했다.

수학 좀 해보려고 합니다

미적분의 응용

얼마 지나지 않아 미적분은 매우 효율적인 계산 도구임이 밝혀졌다. 예컨대 미분은 속도 변화와 곡선의 접선, 어떤 값의 최대·최솟값 등을 구하는 데 탁월한 능력을 보였다. 마찬가지로 적분은 거리, 넓이 그리고 부피를 구하는 데 매우 효과적이었다. 미적분의 성과는 여기에서 끝이 아니었다. 라이프니츠식의 대수적 미적분학을 수용하고 발전시킨 유럽 대륙의 학자들은 이후 뉴턴의 연구를 도입해 연구하면서 미지수가 아니라 다양한 미분으로 구성되는 미분방정식을 발견했다.

이후 연구가 진행되면서 미분방정식은 실로 놀라운 성과를 보여주었다. 가령, 장바티스트 르 롱 달랑베르Jean-Baptiste Le Rond d'Alembert(1717~1783)는 미분방정식을 이용해 진동하는 현의 운동을 연구하면서 파동방정식을 발견했다. 이후 오일러는 달랑베르의 성과를 발전시켜 음의 진동에 대해 연구하면서 자신이 발견한 파동방정식을 음파에 적용했다. 그리고 조제프 푸리에Jean-Baptiste Joseph Fourier(1768~1830) 등은 음성 신호를 주파수 성분으로 분해하는 연구를 통해 음악에 대한 새로운 이해와 함께 전자 음악의 가능성을 열기도 했다.

콜린 매클로린Colin Maclaurin(1698~1746)과 알렉시스 클로드 클

그림 12-2 일본 후지큐 하이랜드의 롤러코스터 '타카비샤' 세계에서 가장 가파른 이 롤러코스터는 최고 121도 각도로 꺾이며 급강하한다. 이런 롤러코스터를 제작하기 위해서는 미분을 이용해 롤러코스터 곡선의 매 지점마다 순간 속도와 기울기를 구하는 것이 필수적이다.

레로Alexis Claude Clairaut(1713~1765), 르장드르 그리고 피에르 시몽드 라플라스Pierre Simon Marquis de Laplace(1749~1827) 등에 이르는 중력과 천체 운동에 관한 연구는 르장드르 방정식이나 라플라스 방정식 같은 새로운 미분방정식 연구를 통해 급진전했다. 이를 통해 천체 운동에 대한 이해는 더욱 증진될 수 있었다. 또한 미분방정식을 통한 궤도 계산 연구는 미사일이나 로켓 그리고 우주탐사선의 궤도 계산으로 이어졌다.

푸리에는 열 전달에 관한 미분방정식 연구를 시작으로 온도 분포에 대한 탐구를 계속하면서 열역학 연구의 기원을 이루었

수학 좀 해보려고 합니다

그림 12-3 UCLA 수학과 교수 연구진이 영화 속 바닷물의 변화 모습을 사실적으로 묘사하기 위해 미분방정식을 이용한 컴퓨터 그래픽 시뮬레이션 제작에 참여한 영화 〈모아나〉.

그림 12-4 기상은 각종 관측 자료를 기반으로 예측할 수 있지만, 대기의 운동과 관련한 법칙을 미분방정식으로 만든 다음 슈퍼컴퓨터로 계산해 예측할 수도 있다.

다. 이는 결국 내연 기관과 외연 기관 같은 다양한 열기관과 연료 및 에너지 연구의 발전으로 이어졌다.

또한 유체의 흐름을 설명하는 미분방정식 연구를 통해 클로드 나비에Claude Louis Marie Henri Navier(1785~1836)와 시메옹 드니 푸아송Siméon Denis Poisson(1781~1840) 그리고 조지 가브리엘 스토크스Sir George Gabriel Stokes(1819~1903) 등의 학자들은 물과 공기 등을 포함한 다양한 유체의 흐름을 설명할 수 있었다. 이 역시 펌프나 송풍기, 난방 배관, 선박, 자동차 개발 연구로 이어졌다.

수학 좀 해보려고 합니다

한편, 제임스 클러크 맥스웰James Clerk Maxwell(1831~1879)은 전자기장에 관한 미분방정식을 통해 전자기 현상을 성공적으로 설명했다. 이후 학자들은 전자기장 파동의 주파수와는 다른 범위의 주파수를 지니는 전자기파를 발견했고, 굴리엘모 마르코니Guglielmo Giovanni Maria Marconi(1874~1937)는 그런 전자기파를 이용해 무전기를 발명했다. 이러한 기술은 텔레비전과 라디오, GPS 위성항법장치 그리고 다양한 무선 통신 기기 등의 개발로 이어졌다.

이 외에도 미분방정식으로 가능해진 기술은 한두 가지가 아니다. 우리가 사는 세상은 미적분의 발전과 그 응용으로 놀랍도록 발전해온 것이다. 그렇다면 이제 막 성인이 되기 직전에 있는 고등학생에게 그 기초인 미적분을 가르치는 것을 어느 정도 이해할 수 있지 않을까. 어렵지만, 한번 도전해보자. 그것의 놀라운 응용 가능성을 기대하면서 말이다.

13장

확률과 통계,
추론의 기술

통계는
어떻게
발전했을까?

고 1때 공통으로 배우는 수학 단원 중에 '경우의 수'라는 것이 있다. 이 단원은 '순열'과 '조합'이라는 개념을 통해 어떤 사건이 일어날 수 있는 모든 경우의 가짓수를 구하는 방법을 다룬다. '경우의 수' 단원에서 배우는 순열과 조합은 도대체 어디에 사용되는 걸까? 확률과 통계의 역사를 통해 이를 간단히 살펴보자.

도박에서 시작된 확률

경우의 수와 관련한 논의는 17세기 중반 도박의 판돈 문제에서 비롯되었다. 최초로 이 문제를 구체적으로 논의한 것은 1654년

블레즈 파스칼Blaise Pascal(1623~1662)과 페르마의 서신 교환에서다. 1654년 파스칼은 프랑스 문인 슈발리에 드 메레Chevalier de Mere(1607~1684)로부터 도박 현장에서 생길 수 있는 판돈 분배 문제 등에 관한 질문을 받았다. 그중 대표적인 것이 판돈을 걸고 게임을 하다가 그 게임이 갑자기 중단되었을 때 돈을 어떻게 분배해야 하느냐에 관한 것이었다. 이 문제에서 파스칼은 남아 있는 게임 수와 이기는 데 필요한 게임 수가 판돈 분배를 결정한다고 보았다.

가령, 100프랑의 판돈을 놓고 게임을 하던 중 두 사람이 순서대로 한 게임과 두 게임만 더 이기면 판돈을 모두 가져갈 수 있는 상황에서 게임이 중단되었다고 하자. 이때 다음 게임에서 한 게임을 남긴 사람이 이기면 그가 100프랑을 모두 가져가게 된다. 반면 다음 게임에서 한 게임을 남긴 사람이 지면 둘 모두 한 게임씩 남게 되므로, 똑같이 50프랑씩 받게 된다. 결국 처음에 한 게임만 이기면 되었던 사람은 두 가지 경우가 생길 수 있으므로 100프랑과 50프랑의 평균인 75프랑을 갖게 된다. 파스칼은 페르마에게 답장을 보내 자신이 고안한 해답을 소개하고, 그해 말 《산술 삼각형에 관한 논고Treatise on Arithmetical Triangle》(1653)의 말미에 이 내용을 덧붙였다.

우연에 따르는 사건에 대해 이렇게 접근한 것은 이전까지 없

수학 좀 해보려고 합니다

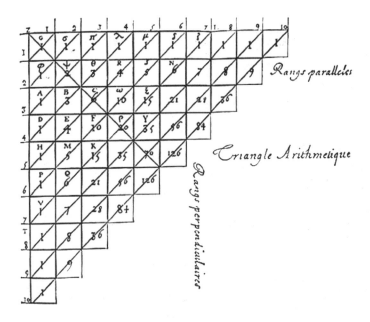

그림 13-1 파스칼의 《산술 삼각형에 관한 논고》 속 삼각형 파스칼은 위와 같은 산술 삼각형을 통해 다양한 수학적 원리를 발견했다. 요컨대 위 삼각형 속 숫자들을 이용해 다양한 경우의 수를 계산할 수 있다. 가령, 세 번째 행과 세 번째 열을 연결한 대각선의 수 1, 2, 1은 세 개의 사건 중 한 개, 두 개, 세 개를 고를 수 있는 가짓수를 의미한다. 예를 들어 A, B, C의 세 가지 사건이 있을 때, 한 개를 고르는 경우는 A, B, C이고, 두 개를 고르는 경우는 AB, AC, BC, 세 개를 고르는 경우는 ABC로 각각 1, 2, 1이라는 숫자가 대응한다.

그림 13-2 카라바조(Caravaggio, 1571~1610), **'카드 게임 사기꾼'**(1594) 초기 도박은 주로 주사위를 이용해 이루어졌는데, 14세기 무렵부터 카드 게임이 유럽에 도입되어 이후 가장 대중적인 게임으로 발전했다.

수학 좀 해보려고 합니다

그림 13-3 얀 스테인(Jan Steen, 1626~1679), **'카드 게임 중의 다툼'**(1664~1665) 당시에는 도박이 싸움이나 결투로 번지는 경우가 많았다.

던 완전히 새로운 방식이었다. 이후 여러 수학자들이 이 문제에 관심을 기울였는데, 1657년에는 네덜란드 과학자 크리스티안 하위헌스Christiaan Huygens(1629~1695)가 그의 스승의 책에 덧붙인 부록 '우연에 따르는 게임의 추론에 대하여De Ratiociniis in Ludo Aleae'(1657)에서 이를 수학적으로 다루었다. 그는 도박 같은 우연에 따른 문제에서 누가 이길지는 확신할 수 없지만, 각자의 게임에서 얻을 기댓값은 계산할 수 있다고 보았다. "승패를 다 가리기 전에 그 게임을 중단하기로 한다면 내가 상대방보다 판돈을 얼마만큼 더 가져야 할지, 또 중단된 상태에서 나를 대신해 게임을 계속할 사람이 있다면 그가 얼마를 내야 할지 결정할 수 있다"는 것이다. 그는 그 계산법을 보여주겠다고 설명하면서, 구체적인 각각의 게임 상황에서 이길 기회가 얼마만큼 크고, 그 기댓값이 얼마인지 등을 계산하는 방법을 소개했다.

연금과 보험 수요가 가져온 통계 작성

비슷한 시기에 통계의 필요성 역시 증대했다. 연금이나 해상보험 같은 상품이 개발되면서 그러한 상품을 운영하기 위해 얼마만큼 받고 또 지급해야 하는가 하는 문제가 점점 중요해진 것

수학 좀 해보려고 합니다

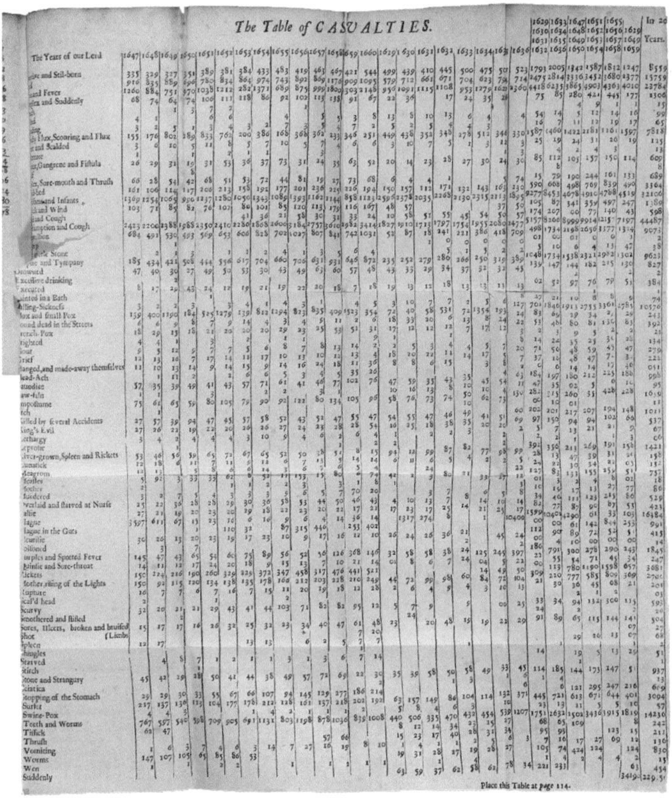

The Table of CASUALTIES.

그림 13-4 존 그론트(John Graunt, 1620~1674)의 《사망 통계표에 대한 관찰(Observations on the Bills of Mortality)》(1662) 속 사망 집계표 다양한 원인에 따른 사망자 수가 기록되어 있다.

이다. 이런 상황에서 영국의 상인 존 그론트John Graunt는 런던 교구의 사망 기록을 조사해 1662년 《사망 통계표에 대한 관찰》이라는 책을 출판했다. 최초의 통계 서적 중 하나로 알려진 이 책에서 그론트는 사망 원인을 분석하면서 도시와 시골의 차이나 성별 간 차이 등을 나누어 1532년 이후의 사망률을 정리했다. 이는 연금 상품 개발에 무엇보다도 중요한 자료였다. 이후 각국에서는 정부 차원에서 통계 데이터를 제작·분석하기 시작했다.

그러나 이런 연구는 아직까지 도박 판돈에 관한 경우의 수나 특정 경우의 확률을 구하고 기댓값을 계산하는 정도에 머물러 있었다. 또한 통계치 역시 단순한 자료 집적의 수준에 그쳤고, 자료에 대한 수학적 분석 및 추론에는 이르지 못했다.

조합론의 발전

시간이 흐르면서 수학자들은 우연적이거나 미결정된 사건에 대한 합리적인 이해 및 공정한 계약 등을 위해 그 사건의 기댓값이나 리스크를 수치화하기 위해 노력했다. 그런데 이를 위해서는 가장 먼저 경우의 수를 알아야 했다. 어떤 상황이 나올 경우의 가짓수 모두를 알아야 각 상황에 따른 기댓값이나 오차 등을 논할 수 있기 때문이다.

현 고등학교 1학년 과정에서 경우의 수를 소개하는 것은 그 경우의 수를 구하는 방법을 습득해 이후 각 사건이 일어날 확률과 그에 기반한 통계 추정 및 오차 범위 등을 논할 수 있도록 준비시키기 위해서다. 고등학교 교과 과정 속의 순열과 조합은 바로 그런 경우의 수를 구하는 방법이다.

이러한 경우의 수를 구하는 방법을 최초로 수학적으로 정리한 책은 수학자 야콥 베르누이Jakob Bernoulli(1654~1705)의 《추측술Ars Conjectandi》(1713)이다. 베르누이는 이 책에서 하위헌스 같은 이전 학자들의 확률 연구도 소개하고 있지만, 그의 관심은 단순히 도박 문제 같은 우연적 사건에 국한되지 않았다. 그는 서론에서 어떤 문제를 이해하기 위해서는 그 문제에 얽힌 다양한 부분을 먼저 이해할 필요가 있다고 설명한다. 바로 그 다양한 부분을 찾는 방법이 순열과 조합을 다루는 조합론이다.

"자연과 인간 행동에서 발현되고 우주의 주된 아름다움을 구성하는 무한한 다양성은 분명 각각의 부분이 가지각색으로 만나고 섞이고 치환되어 생긴다. 그런데 함께 모여서 어떤 결과를 만들어내는 것이 워낙 많고 다양하다 보니 (중략) 모든 방법을 헤아리기가 매우 어렵다. 그러다 보니 가장 신중하고 용의주도한 사람이라 할지라도 (중략) 오류라고 부르는 잘못을 흔히 저지르게

그림 13-5 야콥 베르누이의
《추측술》(1713) 표지

된다. (중략) 그러므로 우리 정신의 결점을 고쳐주고 여러 가지 것들이 서로 만나고 치환하고 결합할 수 있는 모든 가능한 방법을 어떻게 헤아려야 하는지 알려주는 조합론이라는 학문은 가장 유익한 것이라 부를 만하다. 조합론 덕분에 우리는 원하는 바에 도움이 될 것들을 하나도 빠뜨리지 않았음을 자신할 수 있게 된다."

이어 순열과 조합을 계산하는 방법을 자세히 소개한 후, 베르

수학 좀 해보려고 합니다

누이는 3부에서 순열과 조합을 이용해 도박같이 운에 따르는 게임에서 생길 수 있는 다양한 문제와 그 해결 과정을 자세히 분석한다. 그런 다음 4부에서는 '확실성', '우연성', '필연성' 같은 개념을 설명하면서 '확률'을 '확실성의 정도'로 새롭게 정의한다. 또한 앞에서 설명한 이론을 가지고 다양한 사회적, 경제적, 윤리적 문제 등에 응용해 설명한다. 이를테면 살인 사건에서 특정 인물이 범행을 저질렀을 확률이나 문서가 조작되었을 확률 따위를 논하면서 이 경우 확률이 해당 사건을 이해하는 데 어떤 역할을 하는지 등을 설명하는 식이다.

베르누이의 《추측술》은 이전의 확률 연구가 특정 경우의 확률을 구하거나 도박 같은 우연에 좌우되는 게임에서 판돈의 분배나 기댓값 등을 구하는 데 쓰였던 것과 구분된다. 그에 이르러 확률에 대한 추론과 수학적 정리 및 증명 등이 본격적으로 시도된 것이다.

더욱이 베르누이는 확률 연구를 도박 따위의 분야 외에도 다양한 사회적, 학술적 문제에 적용할 수 있다고 보았다. 특히 '큰 수의 법칙'을 소개하면서 "어떤 사건이든 끝까지 무한히(확률이라는 것이 완전한 확실성으로 바뀌도록) 계속 관측하면 이 세상에 있는 모든 것은 정확한 비와 정해진 변화 법칙에 따른다는 걸 알 수 있을 것"이라고 보았다. 물론 이후 문제가 그렇게 단순하지 않다는 것이 밝혀졌지만 말이다. 반복해서 측정한 값을 평균한다 해도 오차 등의 문제로 인해 정확한 값에 도달하기 힘들기 때문이다. 그러나 다양한 분야의 문제 해결을 위해 사건에 관한 관측 결과 및 측정치 등을 종합해서 해석하려는 시도는 그 후에도 계속해서 이어졌다.

새로운 수학 장르

베르누이의 《추측술》 이후 확률 연구는 새로운 수학 장르로 발전했다. 천문학과 측지학에 종사하던 수학자들은 천체 현상과 지구의 형태 등에 관해 관측하고 연구하는 과정에서 그 결과를 어떻게 결합시켜 오차를 고려한 참값에 도달할 수 있을 것인지 고민했다. 프랑스의 수학자 르장드르는 이전 학자들의 연구를 분석해 오차 문제를 탐구하는 과정에서 오차를 최소화하고 근사해를 구할 수 있는 최소제곱법을 개발했다. 또한 아브라암 드 무아브르Abraham de Moivre(1667~1754)나 라플라스 같은 수학자들은 베르누이의 확률 연구를 더욱 발전시켜 확률을 새롭게 정의하고 관련 정리를 확장해 끌어냈다.

이후 아돌프 케틀레Lambert Adolphe Jacques Quetelet(1796~1874)가 이

수학 좀 해보려고 합니다

러한 통계학을 인간과 사회 현상에 적용하면서 확률 및 통계 연구는 다양한 사회적 문제에도 적용되기 시작했다. 인간과 사회 문제를 분석하기 위해 사회과학자들은 고려해야 할 다양한 변수를 통제할 수 있는 방법을 고민했다. 이 과정에서 회귀와 상관이라는 통계 자료 속 변수 간의 관계를 분석하는 방법이 고안되었다. 본격적인 수리 통계적 추론이 시작된 것이다. 19세기와 20세기 초에는 프랜시스 골턴Sir Francis Galton(1822~1911)과 칼 피어슨 Karl Pearson(1857~1936) 등이 확률 및 통계를 다양한 우생학 연구와 생물통계학 연구에 적용하면서 수리통계학은 더욱 발전했다.

문·이과 모두에 적용되는 수학

확률과 통계만큼 다양한 분야에 적용되는 수학 분야도 없다. 문·이과가 나뉘는 경우에도 확률과 통계만큼은 공통으로 가르치는 이유가 바로 여기에 있다. 수학을 다양한 분야에 적용하고자 노력했던 이들을 생각해보자. 지금은 모르겠지만, 확률 통계 공부는 이후 자신의 분야를 연구하는 데 아주 좋은 무기가 될 수 있을 것이다.

수학, 무조건 강요하기보다
부족하더라도 설명해주고 싶다

이 책은 2017년 봄부터 중앙 선데이에 '수학이 뭐길래'라는 제목으로 기고한 글을 모은 것이다. 중앙 선데이의 독자가 수준 높은 지식 대중이라는 말은 기고를 시작하기 전부터 들었지만, 막상 글을 쓰다 보니 신문이라는 지면의 특성과 그 한계 등으로 인해 보다 깊이 있는 내용을 담기는 어려웠다. 그러다 보니 시간이 흐르면서 점차 수식을 줄이고, 복잡한 내용은 간단하게 정리해나갔다. 여러모로 아쉬운 점이 많을 수밖에 없었다.

그런데 그런 아쉬움과 한계에도 불구하고, 기사가 나올 때면 여러 분들이 응원의 목소리를 들려주셨다. 메일을 통해 의견을 주신 분도 있고, 직접 만나서 이야기를 나누자고 하신 분도 계셨다. 기사를 계기로 강연 부탁도 받았고, 융합 교육에 대한 자문

요청을 받기도 했다. 가끔 검색하다 보면 페이스북이나 블로그 등에 '수학이 뭐길래' 기사가 올라오는 것이 신기했고, 여러 출판사에서 출판 문의를 받으면서는 수학사에 관심을 가진 분들이 많구나 하는 사실을 실감했다. 그러면서 구체적이고 복잡한 내용을 전달하기보다는 역사적으로 수학이 어디에, 어떻게 활용되었고 또 응용되었는지를 소개하는 것만으로도 의미가 있겠다는 생각이 들었다. 오히려 복잡한 수식으로 인해 가독성이 떨어지거나 흥미가 반감된다면 그것보다 아쉬운 일도 없을 거란 생각도 들었다.

이 책은 중앙 선데이에 1회부터 14회까지 연재했던 글을 정리해 담았다. 물론 그렇다고 연재가 끝난 것은 아니다. 연재는 여전히 진행 중이다. 그럼에도 불구하고 14회까지의 기사를 한 권의 책 안에 담은 것은 고대 그리스부터 18세기 무렵까지 수학의 주요 분야를 아우르면서 대략 한 바퀴를 돌았다는 느낌이 들었기 때문이다. 사실 그 때문에 연재를 접어야 하나 하는 생각이 든 적도 있었다. 하지만 막상 그런 고민을 하며 중·고등학교 수학 교과서를 집어 드니 이야기하지 않은 게 아직 너무 많다는 생각이 들었다. 이제부터는 조금 더 구체적인 이야기를 해야겠다는 생각도 들었다. 바로 그럴 즈음 나무나무출판사 대표님으로부터 지금까지의 글을 책으로 묶자는 연락을 받았다. 오히려 집어 들기 쉬운 작은 책이 더 좋을 것 같았다. 이 책은 그렇게 해서 나오게 되었다.

중앙 선데이에 글을 기고하면서 여러 분들의 격려를 받았다. 그중에서도 먼저 사랑과 관심을 아끼지 않으시는 부모님과 기사를 늘 끝까지 읽어주시는 베이비캠프 김경수 대표님, 그리고 연재부터 출판까지 모든 것을 세밀하게 도와주신 나무나무출판사의 배문성 대표님께 감사의 인사를 드리고 싶다. 또한 고등학생 딸의 고충을 이야기하며 좋은 기사가 나올 수 있도록 격려해주신 중앙 선데이의 한경환 총괄 에디터님께도 감사드린다. 무엇보다 가족의 도움이 없었다면 공부를 계속하지도, 이렇게 기고하기도 힘들었을 것이다. 첫째 딸 가연이와 주희가 수학 공부하는 것을 지켜보면서 우리나라 수학 교육에 대해 많은 생각을 할 수 있었고, 조금이나마 도움이 되기를 바랐다. 또한 늘 든든한 지원군인 남편이 정신적으로나 육체적으로 도와주지 않았다면 이 책은 나오기 힘들었을 것이다.

그러나 누구보다도 이 책은 힘들게 수학 공부에 매진하고 있는 전국의 학생과 그들을 가르치는 선생님, 그리고 수학 교육에 관심을 가진 모든 이에게 바치고 싶다. 역사적으로 지금처럼 이렇게 많은 이들이 고등 수학을 공부한 적은 없었다. 이전에는 수학에 관심 있는 이들이 고등 수학을 배웠다. 그런데 수학이 중요

수학이 뭐길래

해지면서 이제는 수학에 관심 없는 학생들까지도 수학을 공부해야 하는 시대가 되었다. 그런데 아쉽게도 이들에 대한 사회의 배려가 너무 부족하다. 수학이 왜 중요한지, 왜 공부해야 하는지 모르는 학생들에게 수학만큼 어렵고 갑갑한 학문이 있을까? 이들에게 수학에 대해 설명하는 것은 너무나 중요하고 또 갑급한 문제가 아닐까? 나는 부족하지만 그걸 해보고 싶다. 그리고 이것을 계기로 더 많은 사람이 학생들에게 수학을 무조건 강요하기보다는 부족하더라도 설명해줬으면 좋겠다. 이 책이 그 한 알의 밀알이 되기를 간절히 바라본다.

수학 좀 해보려고 합니다

ⓒ 조수남, 2018

초판 1쇄 인쇄일 2018년 9월 5일
초판 1쇄 발행일 2018년 9월 10일

지은이	조수남
펴낸이	배문성
디자인	표지-형태와내용사이 본문-홍영사
편집	이형진
마케팅	김영란

펴낸곳	나무플러스나무
출판등록	제2012-000158호
주소	경기도 고양시 일산서구 송포로 447번길 79-8(가좌동)
전화	031-922-5049
팩스	031-922-5047
전자우편	likeastone@hanmail.net

ISBN 978-89-98529-20-8 03400